智慧生态养殖技术普及读物丛书

图说生态养鸡技术与经营管理

周大薇　编著

西南交通大学出版社
·成　都·

图书在版编目（CIP）数据

图说生态养鸡技术与经营管理 / 周大薇编著. —成都：西南交通大学出版社，2014.11（2017.11 重印）
（智慧生态养殖技术普及读物丛书）
ISBN 978-7-5643-3449-9

Ⅰ. ①图… Ⅱ. ①周… Ⅲ. ①鸡－生态养殖－图解 Ⅳ. ①S831.4-64

中国版本图书馆 CIP 数据核字（2014）第 209529 号

智慧生态养殖技术普及读物丛书
图说生态养鸡技术与经营管理
周大薇 编著

责任编辑	周 杨
封面设计	米迦设计工作室
出版发行	西南交通大学出版社（四川省成都市二环路北一段 111 号 西南交通大学创新大厦 21 楼）
发行部电话	028-87600564 028-87600533
邮政编码	610031
网址	http: //www.xnjdcbs.com
印刷	四川玖艺呈现印刷有限公司
成品尺寸	170 mm × 240 mm
印张	9.25
字数	166 千字
版次	2014 年 11 月第 1 版
印次	2017 年 11 月第 2 次
书号	ISBN 978-7-5643-3449-9
定价	36.00 元

前　言

生态养鸡是一种仿生、自然成熟养殖法，投资少、成本低、肉质好、效益高，符合无公害食品的要求，是近年来发展起来的一种新的养殖模式。

本书介绍了我国生态养鸡的概念和生态养殖模式，并重点对生态养鸡技术作了论述，内容包括鸡的生物学特性与生活习性，适宜生态养殖的鸡品种与特性，生态养鸡的营养需要与日粮配制，生态养鸡场的建筑与设备，鸡的人工孵化技术，果园、林地、山地、草场、大田生态养鸡技术，生态养鸡场的成本核算、效益估算和计划、组织与管理，生态养鸡过程中的疾病综合防制及常见疾病的防治技术等，突出生态养殖与生态环境的和谐统一。

针对当前各地生态养鸡的发展现状，以及广大养殖户对科学养殖知识和先进技术的迫切需求，作者结合近年来生态养鸡生产工作的实践和科研积累资料，借鉴国内外最新技术和成果，在广泛调研的基础上精心编写此书，内容集规模化生态养鸡理论和养殖技术于一体，内容丰富，技术先进，实用性和可操作性强，并收集大量图片，图文并茂，是指导养殖户、种植户和基层畜牧兽医技术人员掌握生态养鸡生产的技术书籍。限于作者的时间和写作水平，书中难免存在不足之处，敬请读者批评、指正。

编　者

2014 年 8 月

目录

第一章　生态养鸡概述/001

一、生态养鸡的概念/001

二、生态养鸡的生产模式/001

三、生态养鸡的好处/002

第二章　鸡的生物学特性和生活习性/006

一、鸡的外貌特征/006

二、鸡的解剖特点/008

三、鸡的生理特点/012

四、鸡的生活习性/013

第三章　生态养鸡品种选择/015

一、地方品种/015

二、培育品种/020

三、引进品种/022

第四章　生态养鸡的营养需要与日粮配制/24

一、生态养鸡的采食特点/024

二、生态养鸡的营养需要/025

三、生态养鸡的饲料种类/026

四、生态养鸡的饲养标准/030

五、生态养鸡补充料饲料配方/035

六、配合饲料的生产/037

第五章　生态养鸡场的建筑与设备/039

一、生态养鸡场址的选择/039

二、生态养鸡场的规划与布局/042

三、生态养鸡场鸡舍的建造/043

四、生态养鸡场的设备和用具/045

第六章　鸡的人工孵化/048

一、种蛋的管理/048

二、孵化操作/050

三、初生雏鸡的处理/059

第七章　鸡的生态养殖技术/062

一、育雏技术/062

二、育成鸡放养技术/069

三、产蛋鸡的放养技术/080

四、不同季节的放养技术/087

五、不同场地的放养技术/090

六、发酵床养鸡技术/096

第八章　生态养鸡场的经营管理/98

一、养鸡场的经济性状指标/98

二、养鸡场成本核算与效益分析/104

三、养鸡场的生产计划、组织与管理/109

第九章　生态养鸡的疾病综合防治/113
一、生态养鸡的发病特点/113
二、鸡病的传播途径/113
三、病鸡的剖检技术和方法/114
四、建立严格防疫制度/118
五、免疫接种/119
六、卫生消毒/122
七、药物防治/125
第十章　生态养鸡常见疾病的防治/129
一、传染病/129
二、寄生虫病/136
三、普通病/138
参考文献/142

第一章　生态养鸡概述

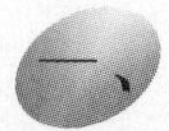

一、生态养鸡的概念

生态养鸡是针对笼养鸡而提出的一种散养模式，是一种贴近自然的生产方式，它与传统意义上的土鸡散养不完全相同。生态养放鸡是将传统的养殖方法和现代科学技术有机结合，利用林地、果园、草场、山场、闲田等地进行规模养鸡，让鸡自由觅食昆虫和野草，饮山泉露水，补喂五谷杂粮，严格限制化学药品和饲料添加剂的使用，实行舍养与放养相结合的生产方式，生产出无公害纯天然的绿色环保食品。发酵床养鸡技术也是一种无臭味、无苍蝇、无污染、零排放的生态养鸡技术，将有很强分解能力的 EM 菌（多种微生物的混合群）放到鸡舍里，通过 EM 菌的活性来分解鸡粪，达到鸡粪零排放的目的。

生态养鸡有利于环境保护、生态平衡、人类健康，以及改善鸡肉和鸡蛋品质。

二、生态养鸡的生产模式

由于各地自然环境各异，养鸡者应因地制宜选择合适的生态养殖模式，力求做到经济效益、生态效益最大化。

（一）生态放养鸡

生态放养鸡是利用果园、林地、草场、山场和农田进行鸡的放牧饲养，这是生态养鸡的一种主要养殖模式，也是无公害养殖发展的趋势。根据不同的进雏时间、不同淘汰时间和不同饲养周期，又有以下三种饲养模式：

模式 1：舍饲育雏，放养出栏生产模式。每年 4 月末 ~ 5 月进雏，舍内育雏 6 ~ 7 周，6 月放养，9 月下旬陆续出栏。

模式 2：舍饲育雏，放养育成，出栏前舍饲肥育生产模式。每年 6 月 ~ 7

月进雏，舍内育雏 4～5 周，7～8 月放养，10 月末开始舍内催肥，11 月陆续出栏。

模式 3：舍饲育雏，放养育成，产蛋放牧加补饲生产模式。该模式以产蛋为主，产蛋一年后作为肉鸡淘汰。商品蛋可以直接出售，种蛋可以孵化雏鸡苗。每年 5 月进雏，6 月下旬放养，10 月产蛋，天冷后转为舍内饲养，元旦、春节正值产蛋高峰，至第二年 10 月产蛋率下降时出售淘汰鸡。

（二）发酵床养鸡

发酵床养鸡技术（自然养鸡法）是利用自然环境中的生物资源，即采集土壤中的多种有益微生物，通过对这些微生物进行培养、扩繁，形成有相当活力的微生物母种，再按一定配方将微生物母种、稻草以及一定量的辅助材料和活性剂混合，形成有机垫料。在按照一定要求设计的鸡舍里垫上有机垫料，再将鸡放入鸡舍，鸡从小到大都生活在这种有机垫料上面。鸡的排泄物被有机垫料里的微生物迅速降解、消化，不需要对鸡的排泄物进行人工处理，达到零排放，生产有机鸡肉、有机鸡蛋，同时不对环境造成污染。

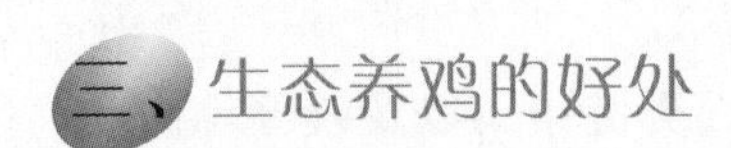

三、生态养鸡的好处

1. 果园生态养鸡

果园生态养鸡极大限度地挖掘了立体种养生产潜能，充分利用了土地资源、饲料资源和肥源，减少了污染，实现了较高的经济效益和生态效益，是生态养殖的最佳模式之一。

（1）增强鸡体健康，降低发病率。鸡粪中含有未消化完全的蛋白质及其他营养物质，可作为果园中蚯蚓、昆虫等动物的食物，虫体中富含蛋白质和脂肪及抗菌肽等成分，为鸡提供了丰富的蛋白质饲料，鸡只采食后体质健壮，生长快，发病率低，还可节约饲料成本。

（2）提供有机肥料，增加果品产量。1 只成年母鸡，每年可产粪便 50 kg 以上，如果按每亩果园散养 40 只成年鸡计算，全年可产鸡粪 2 000 kg 以上，可提高水果产量 8%～10%。果园养鸡，鸡粪肥园，既解决了粪便污染，又提高了土壤肥力，有利于果园丰产。

（3）消灭果园害虫，减少农药使用。1 只成年鸡每天可以采食各类害虫近 2 800 条，按每亩果园放养 10 只鸡，便可控制果园虫害。鸡在果园中捕虫食草，

替代化学除草和除虫，大大降低了虫害发生率，减少了农药用量，果品少受农药污染，有利于果树正常生长，果品优良。

（4）提高鸡产品质量。鸡可随时捕食到昆虫、草籽、青料、砂砾等各种野食，扩大摄食范围，既节省饲料，又避免鸡群拥挤、啄癖等疾病的发生，有利于鸡的生长发育，鸡蛋和鸡肉质优无公害，风味独特，经济效益较高。

2. 林地生态养鸡

随着农业产业结构的调整，各地退耕还林，林地面积日益扩大，为发展林地养鸡创造了良好的条件。

（1）提高了土地利用率。林地养鸡可以充分利用土地，弥补了林期过长所造成的损失，增加了林业的收入，有利于解决发展畜牧业与农业的争地问题。

（2）提高了生态效益。鸡觅食林中的虫、草，排泄的粪便增加了林地的肥力，有利于树木生长。林地养鸡，可有效地促进林、牧结合，相互促进，共同发展。

（3）提高了经济效益。林地养鸡投资小，操作简便。林地为鸡提供了广阔、理想的空间，鸡的活动范围大，抗病力增强，很少用药。林地的草、虫为鸡提供了丰富的营养，节约了饲料，降低了饲养成本。生产出来的鸡蛋、鸡肉无药物残留，适合现代人追求的高品位消费，市场价格高于普通鸡肉、鸡蛋，增加了养殖户的收入。

3. 草场生态养鸡

利用草场的生态环境放养鸡，以鸡只白天自由采食昆虫、杂草和人工补喂混合精料，夜间寄宿方式进行养殖。

（1）消灭草场虫害。散养鸡的食性很杂，采食的范围非常广，无论地上爬的，还是空中飞的，甚至蛰伏在土壤中或植被上的昆虫都被鸡所采食。

（2）平衡食物链。鸡吃牛羊类不能利用的杂草和昆虫，牛羊的粪便产生的虫蛆又是鸡可利用的优质饲料。

（3）生产优质绿色无公害食品。在草原上流动养鸡，既节省养殖成本，又能消灭蝗虫灾害，不需要饲喂任何添加剂饲料，是真正的无公害“虫草鸡”。

4. 山场生态养鸡

山场生态养鸡是在山区的山场植被或人工草场较好、适合鸡只生长的地方，采用放牧为主、补饲为辅、适当控制密度的方式饲养鸡。

（1）投入少，效益高。鸡自由采食植物性饲料和动物性饲料，在夏秋季适当补料即可满足其营养需要，可节省 1/3 的饲料。

（2）减少环境污染。山场养鸡远离居民区，饲养密度减低，排泄物被分解后能够直接被植物所利用，净化了自然环境。鸡粪是优质有机肥，可以增强土壤肥力，实现鸡、果、虫、草、粪生态链的良性循环，保护生态环境，保证产品绿色无公害。

（3）缓解农牧用地矛盾。以山场放牧鸡代替放牧牛、羊，能缓解草场的放牧压力，使草场得到有效保护和科学规划。

（4）减少疾病发生。山区的草场、草坡养鸡，因有大山的自然屏障作用，明显地减少了传染病的发生。

（5）生产优质鸡蛋、鸡肉。广阔的山场，无污染的环境，丰富的自然饲草饲料资源，是绿色产品的理想生产基地。

5. 农田生态养鸡

利用闲置农田，鸡以采食撒落谷粒、昆虫、杂草和人工补饲混合精料，夜间舍内寄宿方式进行养殖。

（1）有利于提高土地肥力。农田为养鸡提供了广阔的场所和充足的食料，鸡粪为土地提供了有机肥料，加快了土地改良的速度。

（2）除草。散养鸡的自主觅食能力特别强，鸡在觅食过程中可以啄出植被的根茎，采食其中的可食部分和昆虫，进行大田的除草。

6. 发酵床养鸡

发酵床养鸡与传统地面平养相比，是一种行之有效、更为合理的生态养鸡，既做到了鸡粪的有效处理，实现了零排放、无污染、无臭味，又为鸡的健康生长提供了最适宜的生态环境。鸡生长快、产蛋多、蛋品质好，用工、用水、用料大为节省，养鸡的效益显著提高。

（1）不易感染病源。发酵床垫料基本保持干爽，不利于球虫卵囊生存，鸡群在发酵床上自然生活，生长健康，抗病能力增强，不易生病，减少医药成本。

（2）鸡舍干净卫生。粪尿中未被消化利用的碳水化合物、蛋白质和其他含氮化合物，是发酵菌群代谢活动的主要能量来源。鸡粪被分解转化后，鸡舍不脏、不臭，实现了养鸡过程无污染、零排放。

（3）可提供温热地面。发酵床发酵过程中，产生热量，热量又把鸡粪中的水分蒸发到空气中，垫料基本保持干爽，垫料表层温度一年四季均可保持在 20 ℃左右。

（4）有益功能菌群多。发酵床养鸡的发酵功能菌是有益菌，鸡所处环境和胃肠道中有益菌群占绝对优势，有害细菌几乎没有生存空间。

（5）节省饲料。鸡的粪便在发酵床上一般只需三天就会被微生物分解，粪便给微生物提供了丰富营养，促使有益菌不断繁殖，形成菌体蛋白，鸡吃了这些菌体蛋白不但补充了营养，还能提高免疫力。

（6）提高产品品质。在不增加饲养成本的情况下，生产出的鸡蛋和鸡肉口味更鲜，无腥味，提高了市场竞争力。

（7）提供有机粪。无需每天清理鸡舍，垫料和鸡粪混合发酵后，直接变成优质的有机肥，增加了附加值。

第二章 鸡的生物学特性和生活习性

一、鸡的外貌特征

鸡的外貌部位如图 2-1 所示，鸡的翼羽组成如图 2-2 所示。

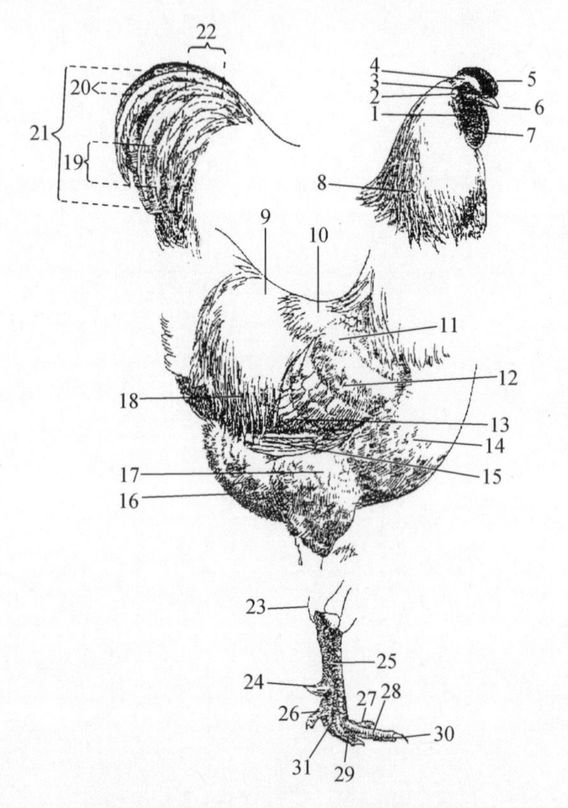

图 2-1 鸡的外貌部位（引自：邱祥聘 家禽学 1994）

1—耳叶；2—耳；3—眼；4—头；5—冠；6—喙；7—肉垂（肉髯）；8—颈羽（梳羽）；9—鞍（腰）；10—背；11—肩；12—翼；13—副翼羽；14—胸；15—主翼羽；16—腹；17—小腿；18—鞍羽；19—小镰羽；20—大镰羽；21—主尾羽；22—覆尾羽；23—踝关节；24—距；25—跖（胫部）；26—第一趾（后趾）；27—第二趾（内趾）；28—第三趾（中趾）；29—第四趾（外趾）；30—爪；31—脚

图 2-2 鸡的翼羽组成

（1）头部。头部的形态能表现出鸡的健康、生产性能和性别等情况。包括喙、脸、眼、耳叶、肉垂、冠。喙是采食器官，呈锥体形，其颜色与胫部颜色一致。健壮的鸡喙粗短，稍弯曲，利于采食。脸呈鲜红色。生命力强的鸡，眼圆大有神，向外突出，反应敏锐。肉垂又称肉髯，左右成对，颜色鲜红。冠是品种特征，可分为单冠、玫瑰冠、豆冠、草莓冠，大多数品种为单冠。公鸡冠比母鸡冠大而厚，健壮鸡冠鲜红、肥润、柔软、光滑。

（2）颈部。肉用鸡较粗短，蛋用鸡较细长。母鸡颈羽端部圆钝，公鸡羽端尖形，像梳齿一样，称为梳羽。

（3）体躯。由胸部、腹部、背部、鞍部和尾部组成。

胸部是心脏与肺、肝脏所在位置，健壮的鸡，胸向前突出，胸围大，胸骨长而直，背较长、宽而直。

腹部是消化器官、生殖器官所在位置，母鸡比公鸡发达，产蛋母鸡腹部容积大，两耻骨末端柔软，耻骨间距大，耻骨与胸骨末端之间的距离也较大。未开产的青年母鸡和停产母鸡的腹部容积小，两耻骨之间距离及耻骨与胸骨末端之间距离小，由此可以判断产蛋性能的高低。

腰部又称鞍部，母鸡鞍部的羽毛短而钝圆，羽毛紧贴身躯。公鸡鞍部的羽毛长，尖端呈锐形，性成熟时羽毛有光泽，羽毛明亮，深色羽的公鸡鞍部羽毛呈现墨绿色光泽，称为蓑羽。

尾部羽毛分为主尾羽和覆尾羽两种。公鸡的覆尾羽很发达，形似镰刀，又称镰羽。覆盖第 1 对主尾羽的覆尾羽称大镰羽。

（4）四肢。包括翅膀（又称翼）和腿部两部分。

翼部基础称肩。翼部的羽毛分为主翼羽、覆主翼羽、副翼羽、覆副翼羽和轴羽。平时折叠成“Z”字形，紧贴胸廓，不下垂。后肢骨骼较长，由大腿、小腿（胫）、趾爪组成。小腿表面有角质化的鳞片，鳞片的大小和软硬是鉴定鸡年龄的依据之一。公鸡胫部有向后的突起称距，母鸡没有距。小腿下部称为趾，趾端的角质物称爪。

二、鸡的解剖特点

（一）消化系统

鸡的消化系统解剖结构如图 2-3 所示。

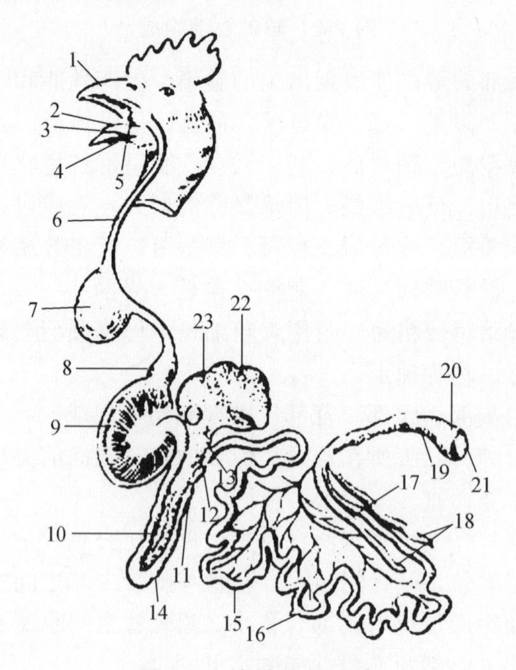

图 2-3　鸡的消化系统

1—上喙；2—口腔；3—舌；4—下喙；5—咽；6—食管；7—嗉囊；8—腺胃；9—肌胃；10—胰腺；11—胰管；12—肝肠管；13—胆总管；14—十二指场；15—空肠；16—卵黄柄；17—回肠；18—盲肠；19—直肠；20—泄殖腔；21—肛门；22—胆囊；23—肝脏

（1）喙和口腔。鸡喙呈圆锥形，无齿和软腭，无咀嚼功能。舌上缺少味蕾，味觉机能很差，主要靠视觉和触觉觅食。唾液腺很发达。

（2）食道和嗉囊。鸡食道宽阔，以利于较大食物通过。嗉囊可临时贮存食物和软化食物，可以对糖类饲料进行分解，其分解产物一部分可被嗉囊吸收，大部分随饲料下行至消化道下段再被消化吸收。

（3）胃。分为腺胃和肌胃。腺胃分泌胃液，胃液含盐酸和帮助蛋白质消化的胃蛋白酶，有消化蛋白质和溶解矿物质的作用，饲料在腺胃中与消化液混合后很快进入肌胃。肌胃是禽类特有的消化器官，不分泌消化液，内壁附有角质层（称鸡内金），靠胃壁肌肉强有力的收缩磨碎饲料。肌胃内常贮有粗砂砾、小石砾等，可提高消化率 10% 以上。

（4）小肠。小肠分为十二指肠、空肠和回肠。小肠还有两个壁外腺，即肝和胰。鸡的消化吸收主要在小肠内进行，小肠分泌的肠液中含有淀粉酶，胰液中含蛋白酶、脂肪酶和淀粉酶，加上肝分泌的胆汁有助于脂肪乳化和胰液的消化作用。食物可在 2 ~ 3 小时内被消化和吸收。

（5）大肠。大肠分为盲肠和直肠。盲肠左右各一条，是消化粗纤维的唯一场所，但来自小肠的食物仅有 6% ~ 10% 进入盲肠，故鸡对粗纤维的消化能力很低。直肠很短，食糜在直肠中停留时间较短，形成粪便后经泄殖腔与尿酸盐混合排出体外。

（6）泄殖腔。泄殖腔是消化道、泌尿道、生殖道的共同通道，最后开口于体外，分前、中、后三部分：前部为粪道，与直肠相通；中部为泄殖道，是输尿管、输精管或输卵管的开口处；后部为肛道，是消化道的最后一段。

（二）呼吸系统

呼吸系统由鼻腔、喉、气管、鸣管、支气管、肺、气囊及与其相通的骨骼组成。气囊是禽类特有的器官，鸡有 9 个气囊，可以贮存空气，加强肺的气体交换，如图 2-4 所示。

（三）泌尿系统

泌尿系统包括肾脏和输尿管。肾脏是排泄体内的废物、维持体内一定水分、盐类、酸碱度的重要器官，分为前、中、后三部分，肾叶由许多肾小叶构成。鸡的尿液中含有一种白色糊状物——尿酸，尿酸附着在粪便上一起排出。通常只看见鸡排粪，而不见排尿。鸡输尿管两侧对称，没有膀胱，如图 2-5 所示。

（四）生殖系统

（1）公鸡的生殖器官由一对睾丸、附睾、输精管和一个交媾器组成（见图 2-5）。公鸡的睾丸左右对称，产生精子。附睾是在睾丸内侧附着的一个扁平的

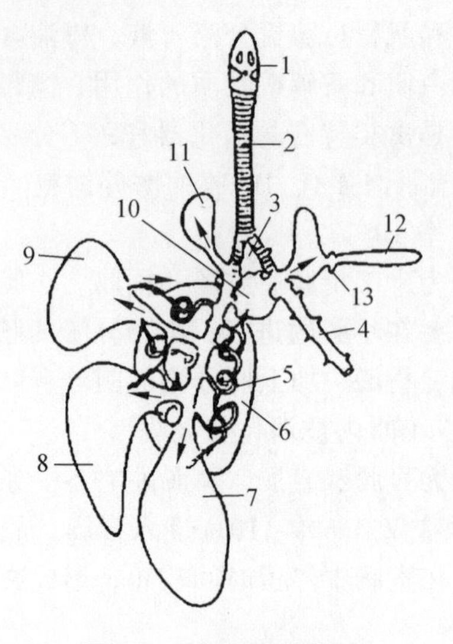

图 2-4　鸡的呼吸器官

1—喉；2—鸣管；3—鸣管；4—初级支气管；5—次级支气管；6—肺；7—腹气囊；8—后胸气囊；9—前胸气囊；10—锁骨间气囊；11—颈气囊；12—臂骨骨腔；13—肋膜孔

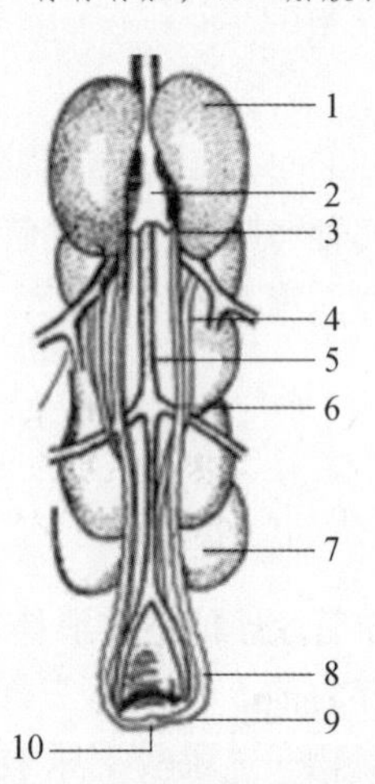

图 2-5　公鸡的泌尿生殖器官

1—睾丸；2—睾丸系膜；3—附睾；4—输尿管；5—主动脉；6—输精管；7—肾；8—泄殖腔；9—八字皱襞；10—生殖突起

小突起。精细管为两条弯曲细管，末端形成乳突状射精管。输精管是储存精子的主要场所，精子通过输精管，达到最后成熟。公鸡的交配器官不发达，无真正的阴茎，由一八字状壁和生殖突起组成，刚孵出的雏鸡较为明显。如图 2-5 所示。

（2）母鸡的生殖器官由左侧卵巢和输卵管组成（见图 2-6）。右侧卵巢和输卵管在早期胚胎发育过程中已退化。

卵巢是鸡的性腺，分泌雌激素和产生卵子。性成熟母鸡卵巢含有 12 000 多个卵泡，呈葡萄状。每个卵泡都含有一个生殖细胞，成熟的卵泡破裂后将卵子排出。卵泡的多少，并不能决定母鸡产蛋量的高低，因为不是所有卵泡都能生长成熟，最后形成卵而排出。

左侧输卵管是一条长而弯曲的管道，卵黄外的各种成分和构造都是在输卵管内形成的。输卵管分为五部分：漏斗部是输卵管的起始部，为接纳卵子及受精场所。蛋白分泌部最长，能分泌大量蛋白。峡部分泌内、外壳膜。子宫部分泌子宫液，形成蛋壳、壳上胶护膜和色素。阴道部为输卵管末端，对蛋的形成不起作用，蛋经过阴道部时间很短，只等待产出，同时贮存精子。一枚鸡蛋的形成需要 24～26 小时。

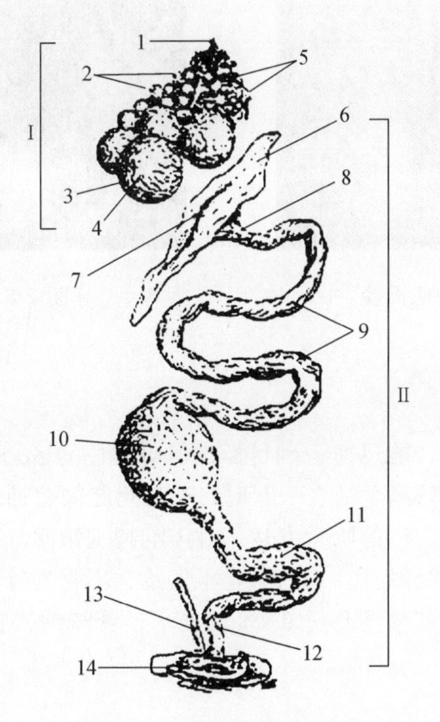

图 2-6 母鸡的生殖系统

1—卵巢基；2—发育中的卵泡；3—成熟的卵泡；4—卵泡带；5—排卵后的卵泡膜；6—漏斗部的伞部；7—漏斗部的腹腔口；8—漏斗部的颈部；9—膨大部；10—峡部；11—子宫部；12—阴道部；13—退化的右侧输卵管；14—泄殖腔；Ⅰ—卵巢；Ⅱ—输卵管

（五）循环系统

（1）血液循环器官由心脏和血管组成。鸡心脏较大，搏动比较迅速，环境高温、鸡兴奋时，或某种药物刺激都会导致心搏增高。鸡的血管分动脉、静脉和毛细血管，输送血液，进行物质交换。

（2）淋巴系统。鸡无淋巴结，仅有淋巴丛。鸡的淋巴器官有腔上囊（法氏囊）、胸腺、脾脏、盲肠扁桃体等，能维持机体正常的免疫功能，并具有独特的结构。鸡的脾脏起造血、滤血和参与免疫反应的作用。鸡的盲肠扁桃体为回肠—盲肠—直肠连接部的膨大部分，是抗体的重要来源处，对肠道内的细菌和其他抗原物质起局部免疫的作用。法氏囊位于泄殖腔背侧，为一梨状盲囊，幼禽随性成熟而萎缩，最后消失（见图 2-7 和图 2-8）。

图 2-7　法氏囊

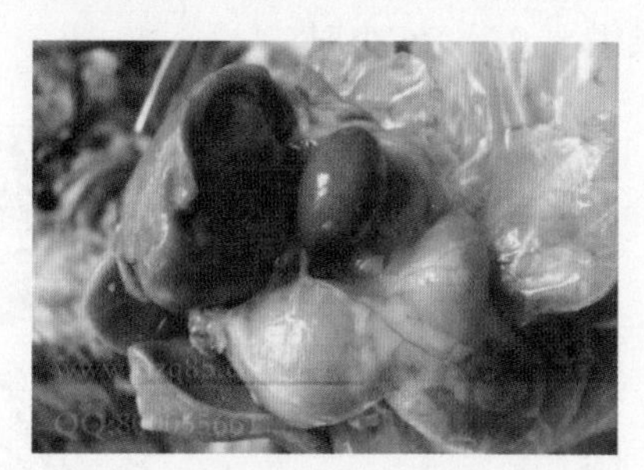

图 2-8　脾脏

（六）感觉器官

鸡的视觉很敏锐，能迅速识别目标，但对颜色的区别能力较差，只对红、黄、绿光敏感。当多只鸡生活在一起时，鸡与鸡之间会通过彼此间的啄斗而建立起一定的群居地位。鸡的听觉发达，对声响特别敏感。鸡的嗅觉能力差，但鸡舍内的氨气对鸡有刺激性。鸡的味觉不发达，不喜好糖，对食盐很敏感，拒绝吃食盐稍多的食物和浓度超过 0.9% 的盐水，苦味的接受力较人高。

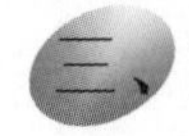

三、鸡的生理特点

（1）体温高、代谢快。成年鸡的体温是 41.5 °C；心跳快，平均心率为每分钟 300 次以上；呼吸频率高，每分钟在 22 ~ 110 次之间，因此，鸡的基础代谢高于其他动物，生长发育迅速、成熟早、生产周期短。

（2）体温调节机能不完善。鸡皮肤没有汗腺，又有羽毛紧密覆盖体表，形成有效的保温层，散热困难。当气温上升到 26.6 °C 时，鸡体主要依靠呼吸来散热。鸡在 5 ~ 30 °C 范围内，体温调节机能健全，体温基本保持不变。若气温低于 7.8 °C，或高于 30 °C 时，鸡体温调节机能就不够完善，尤其对高温的反应比低温反应明显。当鸡的体温升高到 42 ~ 42.5 °C 时，鸡出现张嘴呼吸，翅膀下垂，咽喉颤动。当鸡体温升高到 45 °C 时，就会昏厥死亡。

（3）繁殖力强。母鸡的左侧卵巢在显微镜下可见到上万个卵泡。一般土鸡年产蛋 80 ~ 130 枚，高产蛋鸡年产蛋达 300 枚以上，如果孵化成雏鸡，则每只母鸡一年可以获得 200 多个后代。

（4）消化道短，饲料消耗快。鸡口腔无咀嚼作用，且大肠较短，食物通过快，消耗吸收不完全。鸡仅有盲肠可以消化少量纤维素，所以，鸡只必须采食含有丰富营养物质的饲料。

（5）对环境变化敏感。鸡的视觉很灵敏，对陌生人、光照、异常颜色等均可引起“惊群”，鸡的听觉不如哺乳动物，但突如其来的噪声会引起鸡群惊恐不安，环境温度、湿度和通风等都对鸡的健康和产蛋产生影响。

（6）抗病能力差。鸡的肺脏与胸腹气囊相连，这些气囊充斥于鸡体内各个部位，所以鸡的传染病由呼吸道传播的多，且传播速度快。

四、鸡的生活习性

（1）喜暖性。鸡喜欢干燥温暖的环境，不喜欢炎热潮湿的环境。

（2）合群性。鸡合群性很强，不喜欢单独行动，这是土鸡抗拒外来敌人侵袭的生物学特性。

（3）登高性。鸡喜欢登高栖息，特别是黑暗时鸡完全停止活动，习惯上栖架休息（见图 2-9）。

（4）应激性。鸡胆小怕惊，任何外界刺激，都会引起惊吓、逃跑、惊群等应激反应。

（5）认巢性。鸡认巢能力很强，能自动回到原处栖息，同时拒绝新鸡进入。

（6）就巢性。也称抱性，地方鸡种多数都有抱性，现代蛋鸡品种无抱性，少部分肉种鸡有抱性。

（7）嗜红性。鸡喜欢啄颜色鲜艳的东西，特别是红色。当一只鸡出现外伤流血，就会诱使其他鸡群啄癖。

（8）杂食性。鸡能采食青草、草籽、树叶、青菜、昆虫、蚯蚓、蝇蛆、蚂蚁、沙粒等。

（9）恶癖。高密度养鸡容易造成啄肛、啄羽的恶癖。

图 2-9　鸡善登高

第三章 生态养鸡品种选择

选择对环境要求低、适应性广、活动量大、抗病力强、成活率高的鸡种，如三黄鸡、麻羽鸡等缓速生长的中小型鸡较适宜生态放养，艾维茵、哈伯德等快大型肉鸡不适宜生态放养。

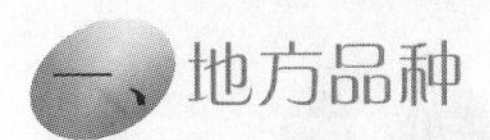

一、地方品种

我国地方品种鸡的生产性能较低，体形外貌不一致，但生命力强，耐粗饲，肉香味美，皮薄细嫩，以三黄（黄皮、黄羽、黄胫）为主，兼有黑色羽和白色羽，黄皮、白皮或乌皮。我国列入《中国家禽品种志》的地方品种鸡有 27 个。

（一）肉用型

1. 桃源鸡

原产于湖南桃源，体型高大，呈长方形。单冠、青脚、羽色金黄或黄麻、羽毛蓬松。腿高，胫长而粗，喙、胫呈青灰色，皮肤白色。成年公鸡平均体重 3 342 g，母鸡 2 940 g。

2. 惠阳胡须鸡

原产于广东东江。体型中等，胸较宽深，胸肌丰满，体躯呈葫芦瓜型。单冠，黄羽、黄喙、黄脚、黄胡须。尾羽不发达。成年公鸡体重 2 286 g，母鸡 1 601 g。

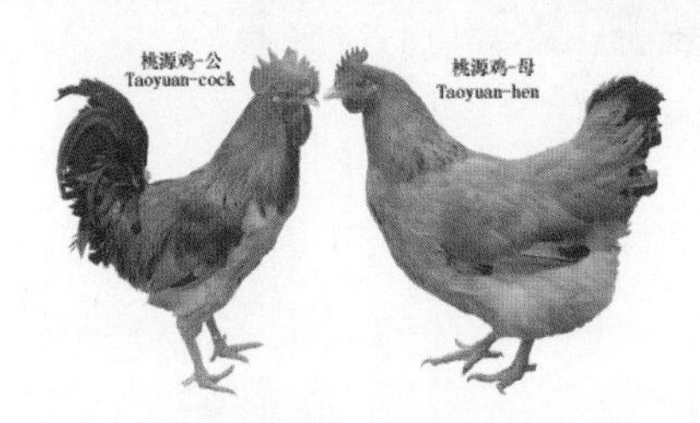

图 3-1 桃源鸡

图 3-2 惠阳胡须鸡

3. 清远麻鸡

原产于广东清远，公鸡体质结实灵活，结构匀称，母鸡呈楔形，前驱紧凑，后驱圆大。单冠，肉垂、耳叶鲜红，喙黄。公鸡头颈、背部的羽金黄色，胸羽、腹羽、尾羽及主翼羽黑色，肩羽、蓑羽枣红色。母鸡呈麻黄、麻棕、麻褐三种羽色。胫呈黄色。平均体重公鸡 2 180 g，母鸡 1 750 g。

4. 浦东鸡

原产于上海浦东，体躯硕大宽阔，羽以黄色、麻褐色者居多。单冠，肉垂、耳叶和脸均为红色，胫黄色，多数无胫羽。成年体重公鸡 3 000 g，母鸡 2 000 g。年产蛋量 100 ~ 130 枚，蛋重 58 g，蛋壳褐色。

图 3-3　清远麻鸡

图 3-4　浦东鸡

5. 丝毛乌骨鸡

原产于江西泰和，体型小，白羽，呈丝状。“十全”特征：紫冠、缨头、绿耳、胡子、五爪、毛脚、丝毛、乌骨、乌皮、乌肉。眼、跖、趾、内脏和脂肪呈乌黑色。平均体重公鸡 1 555 g，母鸡 1 315 g。

图 3-5　丝毛乌骨鸡

（二）蛋用型

1. 仙居鸡

原产于浙江仙居，体型紧凑，腿高，颈长，尾翘，羽色以黄色为主，喙、胫、皮肤黄色。成年体重公鸡 1 440 g，母鸡 1 250 g。开产日龄 150 ~ 180 d，年产蛋 180 ~ 200 枚，蛋重 42 g，蛋壳浅褐色。

2. 东乡绿壳蛋鸡

原产于江西东乡。羽毛黑色，喙、冠、皮、肉、骨、趾均为乌黑色。母鸡单冠，头清秀。公鸡单冠，呈暗紫色，肉垂深而薄，体型呈菱形。平均体重公鸡 1 655 g，母鸡 1 307 g。母鸡开产日龄 152 d，500 日龄产蛋 160 ~ 170 枚，蛋重 50 g，蛋壳呈浅绿。

图 3-6 仙居鸡

图 3-7 东乡绿壳蛋鸡

（三）兼用型

1. 北京油鸡

原产于北京北郊。体型中等，有赤褐羽和黄羽两种，单冠，冠多皱褶成“S”型，冠毛少或无，胫略短，呈黄色，脚爪有羽毛，称之为“凤头、毛腿、胡子嘴”。成年公鸡平均体重 2 049 g，母鸡 1 730 g。开产月龄 7 月，年平均产蛋量 120 枚，平均蛋重 56 g，蛋壳褐色。

2. 寿光鸡

原产于山东寿光。体型有大、中两个类型。单冠，冠、肉髯、耳和脸均为红色，喙、跖、趾黑色，皮肤白色，全身羽毛黑色。平均体重公鸡 3 242 g，母鸡 2 820 g。年平均产蛋量 150 枚，蛋重 60 ~ 70 g，蛋壳褐色。

图 3-8 北京油鸡

图 3-9 寿光鸡

3. 狼山鸡

原产于江苏如东，体型高大，单冠红色，背部似“U”字形，体高腿长，腿上外侧多有羽毛。黑羽居多，喙、腿黑色，皮肤白色。平均体重公鸡 2 840 g，母鸡 2 283 g。年产蛋量 135 ~ 175 枚，蛋重 58.7 g，蛋壳褐色。

4. 固始鸡

原产于河南固始，体躯中等，单冠，喙短呈青黄色。公鸡毛呈金黄色，母鸡以黄色、麻黄色为多。皮肤暗白色。成年公鸡体重 2 470 g，母鸡 1 780 g。母鸡 160 d 开产，年平均产蛋量 151 枚，平均蛋重 50.5 g。蛋壳深褐色。

图 3-10 狼山鸡

图 3-11 固始鸡

5. 彭县黄鸡

原产于四川彭州。体型中等，喙白色，单冠，冠红色。胫、皮肤多呈白色，极少数个体有胫羽。公鸡除主翼羽和主尾羽呈黑绿色外，全身羽毛呈黄红色，俗称“大红公鸡”。母鸡羽毛有深黄、浅黄和麻黄三种。平均开产日龄 216 d，年产蛋数 140 ~ 150 个，平均蛋重 53 g。

6. 旧院黑鸡

原产于四川万源。体型呈长方形，皮肤有白色和乌黑色两种，冠分单冠与豆冠两种，冠髯红色或紫色，喙、胫黑色。母鸡羽毛黑色，公鸡羽毛多为黑红色，带翠绿色光泽。成年公鸡体重 2 620 g，母鸡体重 1 760 g。母鸡开产日龄 195 d，年产蛋量 150 个，蛋重 54g，蛋壳浅褐色，有 5% 为绿壳蛋。

图 3-12 彭县黄鸡

图 3-13 旧院黑鸡

7. 草科鸡

原产于四川石棉。体型浑圆，耳红色，冠多为红色单冠。喙多为黑色。肉髯鲜红色，皮肤肉色，部分为黑色。胫灰黑色，公鸡羽毛多为黑色，梳羽、蓑羽多为红色。母鸡黑羽占44%。成年公鸡体重 3 500 ~ 5 000 g，母鸡体重 3 000 ~ 4 000 g。

8. 峨眉黑鸡

原产于四川峨眉山。体型较大，体态浑圆，全身羽毛黑色，有墨绿色光泽。喙黑色。单冠居多，极少数有胡须。肉髯红色或紫色。皮肤为白色，胫呈黑色。母鸡平均开产日龄 186 d，年产蛋数 120 个，平均蛋重 54 g。

图 3-14　草科鸡

图 3-15　峨眉黑鸡

9. 米易鸡

原产于四川米易。体型较大，似砖块形，分正常型和矮脚型两种，喙呈黑色。单冠居多，少数豆冠。冠、肉髯、耳叶呈红色或紫色。皮肤灰白色或黑色。胫黑色，多数有胫羽，趾羽发达。成年公鸡羽毛以红色、黑红色居多，母鸡羽毛以深麻色和黑色居多。

10. 四川山地乌骨鸡

原产于四川兴文。具有乌皮、乌肉、乌骨的特点。片羽，黑羽鸡较多，麻黄鸡次之，白羽鸡甚少。成年公鸡体重 2 700 g，母鸡体重 2 200 g。开产日龄 180 ~ 210 d，年产蛋 100 ~ 120 个，蛋重 58 g，蛋壳呈浅褐色。

图 3-16　米易鸡

图 3-17　四川山地乌骨鸡

11. 金阳丝毛鸡

原产于四川凉山州金阳县。公鸡体型中等，母鸡体型较小。全身羽毛呈丝状，羽毛柔软，有白色、黑色和杂色三种羽色。喙黑色或白色。单冠，皮肤以白色居多，胫呈白色或黑色。母鸡平均开产日龄 160 d，年产蛋数 110 个。

图 3-18　金阳丝毛鸡

二、培育品种

培育品种鸡是在地方鸡种的基础上，引进外来品种血缘经过杂交改良选育而成，保留了地方良种的外貌特征和肉质细嫩、肉味鲜美等特点，还提高了生长速度和饲料利用率，具有良好的抗病力和适应性。

1. 宫廷黄鸡

用北京油鸡和矮洛克母本杂交培育而成。外貌独特，凤冠，胡须，腿毛，俗称“三毛”。商品肉鸡 70 日龄平均体重 1 340 g，饲料转化率 2.7：1。

2. 康达尔黄鸡

经国家家禽品种审定委员会审定通过的我国第一个黄鸡品种。深圳康达尔有限公司家禽育种中心在广东石岐杂鸡的基础上培育的黄羽肉鸡配套系。具有胫黄、皮肤黄、羽毛黄的“三黄”特征。商品代早熟，90 日龄起冠，优质型 16 周龄母鸡体重 1 860 g，料肉比 3.4：1；快大型 12 周龄母鸡 1790 g，料肉比 3.0：1。

图 3-19　宫廷黄鸡

图 3-20　康达尔黄鸡

3. 京星黄鸡

中国农业科学院畜牧研究所培育的优质黄鸡系列配套系。京星黄鸡是利用我国培育的D型矮洛克鸡与引进良种或地方良种配套，两系或三系杂交繁育出的优质肉鸡，包括京星黄鸡100、102。父母代母鸡含有伴性矮小基因dw，繁殖性能高，节省饲养空间和饲料10%～15%，是著名的节粮型种鸡。

4. 岭南黄鸡

广东省农业科学研究院畜牧研究所与广东智威农业科技股份有限公司合作培育的黄羽肉鸡配套系。有中速型、快大型和优质型，并利用了自别雌雄和矮小型基因，具有生产性能高、抗逆性强，体型外貌美观、肉质好和“三黄”特征。

图3-21 京星黄鸡

图3-22 岭南黄鸡

5. 苏禽黄鸡

江苏省家禽科学研究所培育而成的优质黄鸡配套系，有快大型、优质型、青脚型三个配套系，其中苏禽黄鸡2号于2009年通过国家畜禽遗传资源审定。

6. 农大矮小鸡

中国农业大学培育的优良蛋鸡配套系。分为农大褐和农大粉两个品系。农大褐商品鸡120日龄平均体重1 250 g，开产日龄150～156 d，入舍母鸡平均产蛋275枚，蛋重55～58 g，总蛋重15.7～16.4 kg，料蛋比2.0：1～2.1：1，产蛋期成活率96%。农大粉商品鸡120日龄平均体重1 200 g，开产日龄148～153 d，入舍母鸡平均产蛋278枚，蛋重55～58g，总蛋重15.6～16.7 kg，料蛋比2.0：1～2.1：1，产蛋期成活率96%。

图 3-23　苏禽黄鸡

图 3-24　农大 3 号节粮小型蛋鸡

7. 大恒优质肉鸡

图 3-25　大恒优质肉鸡

四川大恒家禽育种有限公司培育的优质肉鸡，青脚、白皮、麻羽，公鸡红羽，冠高且大，母鸡麻羽。商品代生长速度快，抗病力强，成活率高，60 日龄公鸡体重 2 000 g，母鸡体重 1 600 g。

8. 黄杂鸡

四川地区发展起来的一个特殊的杂交鸡种。一般利用肉种公鸡（如安那克等）与普通商品蛋鸡（如罗曼等）杂交生产出的一种肉用型商品鸡。60 ~ 70 日龄即可出栏，公鸡重 2 000 ~ 2 500g，母鸡重 1 500 ~ 2 000 g，黄褐色羽毛，外貌似土鸡。由于蛋鸡繁殖力高，故生产成本低。

引进品种

从国外引入我国的高产蛋鸡品种，按照蛋壳颜色可分为白壳蛋鸡、粉壳蛋鸡、褐壳蛋鸡。

1. 海兰鸡

美国海兰公司培育的著名蛋鸡品种，分海兰灰、海兰褐、海兰白三个品系。海兰灰成年母鸡背部羽色呈灰浅红色，翅间、腿部和尾部呈白色，皮肤、喙和胫为黄色。体型小巧清秀。开产日龄 152 d，产蛋总重 19.1 kg，料蛋比 2.3 : 1。

（a）海兰灰蛋鸡

（b）海兰褐蛋鸡

（c）海兰白蛋鸡

图 3-26　海兰蛋鸡

2. 伊萨褐蛋鸡

原产法国。伊萨褐蛋鸡体型中等，雏鸡可根据羽色自别雌雄，成年母鸡羽毛呈褐色并带有少量白斑，蛋壳为褐色，商品代高峰期产蛋率 92%，入舍产蛋量 308 枚，入舍产蛋重 19.25 kg，平均蛋重 62 g，产蛋期料蛋比 2.4：1 ~ 2.5：1，产蛋期存活率 92.5%，产蛋期耗料每日每只 115 ~ 120 g。

图 3-27　伊萨褐蛋鸡

第四章　生态养鸡的营养需要与日粮配制

一、生态养鸡的采食特点

1. 杂食性

鸡是杂食动物，耐粗饲。生态放养鸡在野外采食范围很广，采食动物性饲料如蚂蚁、蚯蚓、昆虫，植物性饲料如树叶、青草、籽实等，矿物性饲料如土壤，从而满足自身的营养需要（见图 4-1）。

（a）采食昆虫

（b）采食果实

（c）采食青草

图 4-1　放养鸡采食各种食物

2. 喜食颗粒饲料

鸡喙形状决定了鸡便于采食颗粒饲料。鸡群往往先吃完颗粒饲料，剩下的是粉末状饲料。放养期尽量饲喂全价颗粒饲料作为补充料，采食更加完全，营养更加全面（见图 4-2）。

图 4-2　放养鸡采食玉米颗粒

3. 觅食力强

生态放养鸡觅食能力强，觅食范围可达 500 m 以外，能找到一切可以食用的营养物质（见图 4-3）。

（a）野外觅食

（b）人工喂料

图 4-3 放养鸡觅食

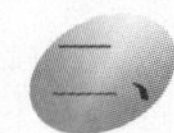

二、生态养鸡的营养需要

1. 水 分

水是组成血液及体液的主要成分，是有机体的命脉。如不能及时供给足量的水，随时都可危及鸡的生命，特别是在气温高时，如果不注意及时供给新鲜、清洁水，极易引起鸡患传染病和营养代谢病。只有保证充足的饮水，才能保证鸡的正常生长发育和体质的健康，保证饲料的有效利用和高产稳产。

2. 能 量

鸡的一切生命活动都与能量有关，如生长发育、繁殖产蛋、维持体温等。鸡所需的能量主要来自饲料中的碳水化合物和脂肪。碳水化合物主要包括淀粉、糖和粗纤维。

3. 蛋白质

蛋白质是构成鸡体的重要组成成分，也是鸡蛋和鸡肉的重要组成原料。缺乏蛋白质，鸡生长缓慢，会出现各种病症，导致经济效益下降，甚至亏损。蛋白质营养价值的高低，取决于氨基酸的种类和含量。鸡能合成的氨基酸为非必需氨基酸，由饲料供给的氨基酸为必需氨基酸，主要是赖氨酸、蛋氨酸和色氨酸，赖氨酸和蛋氨酸在一般饲料中含量较少，必须单独添加。

4. 矿物质

矿物质是鸡生长发育必不可少的物质，矿物质分为常量元素（钙、磷、氯、钠、钾、硫、镁）和微量元素（铁、铜、锌、锰、硒、钴、碘、氟）两大类。鸡对微量元素需要量极少，但生理作用较大。生态放养鸡一般不缺钙，但产蛋期母鸡需要量高，仍然缺乏，应注意补充。饲料单一，尤其是只喂玉米、稻谷时，容易使鸡体缺乏氯化钠、蛋氨酸和胱氨酸。

5. 维生素

动植物饲料中均含有维生素，但含量低，除直接喂鲜绿树叶、青草、蔬菜的生态放养鸡外，均需补充维生素。维生素是生物活性物质，易受光照、高温、潮湿、酸碱及氧化剂破坏，所以高温季节应少购料，短时间喂完，保证质量。比较容易缺乏的维生素有 13 种，其中脂溶性维生素 4 种（维生素 A 和 D 最易缺乏），水溶性维生素 9 种（维生素 B1、维生素 B2 尤易缺乏）。

三、生态养鸡的饲料种类

1. 能量饲料

主要包括谷类籽实的玉米、高粱、大麦、小麦、燕麦、黑麦、稻谷和糠麸类，块根类的马铃薯、甘薯、木薯、胡萝卜和动植物油脂（见图 4-4）。大豆、花生、亚麻、菜籽、茶仁、棉仁等既是蛋白质饲料也是能量饲料。平常所用的饲料原料中以玉米为最佳，植物油和动物油的脂肪含量高，但成本太高。部分能量饲料营养成分见表 4-1。

（a）小麦

（b）玉米

（c）大麦

（d）稻谷

（e）高粱

（f）麦麸

图 4-4 部分能量饲料

表 4-1 部分能量饲料营养成分

饲料名称	代谢能（兆焦/千克）	粗蛋白质（%）	粗脂肪（%）	粗纤维（%）	钙（%）	磷（%）
玉　米	13.47	7.8	3.5	1.6	0.02	0.27
小　麦	12.72	13.9	1.7	1.9	0.17	0.41
稻　谷	11.00	7.8	1.6	8.2	0.03	0.36
大　麦	11.21	13.0	2.1	2.0	0.04	0.39
高　粱	12.30	9.0	3.4	1.4	0.13	0.36
燕　麦	11.26	10.0	4.6	9.8	0.12	0.37
小麦粉	13.89	15.8	2.6	1.0	0.06	0.34
甘薯粉	12.18	2.8	0.7	2.2	0.03	0.04
木薯粉	12.10	2.6	0.6	4.2	0.30	0.12
马铃薯	2.58	1.9	0.1	0.6	0.01	0.05
米　糠	11.38	15.0	17.1	7.2	0.05	0.81
麦　麸	8.66	16.0	4.3	8.2	0.34	1.05

2. 蛋白质饲料

蛋白质饲料包括植物性蛋白和动物性蛋白饲料。植物性蛋白质饲料包括大（黄）豆饼粕、菜籽饼粕、棉仁饼粕、花生饼粕、芝麻饼、亚麻饼粕、菜籽饼等。动物性蛋白质饲料包括鱼粉、血粉、羽毛粉、蚕蛹粉等（见图 4-5），蛋氨酸、赖氨酸和有效磷及维生素含量高。为解决蛋白质饲料的不足，养殖户还可人工培育黄粉虫、蚯蚓、蝇蛆等直接喂鸡。部分蛋白饲料营养成分见表 4-2。

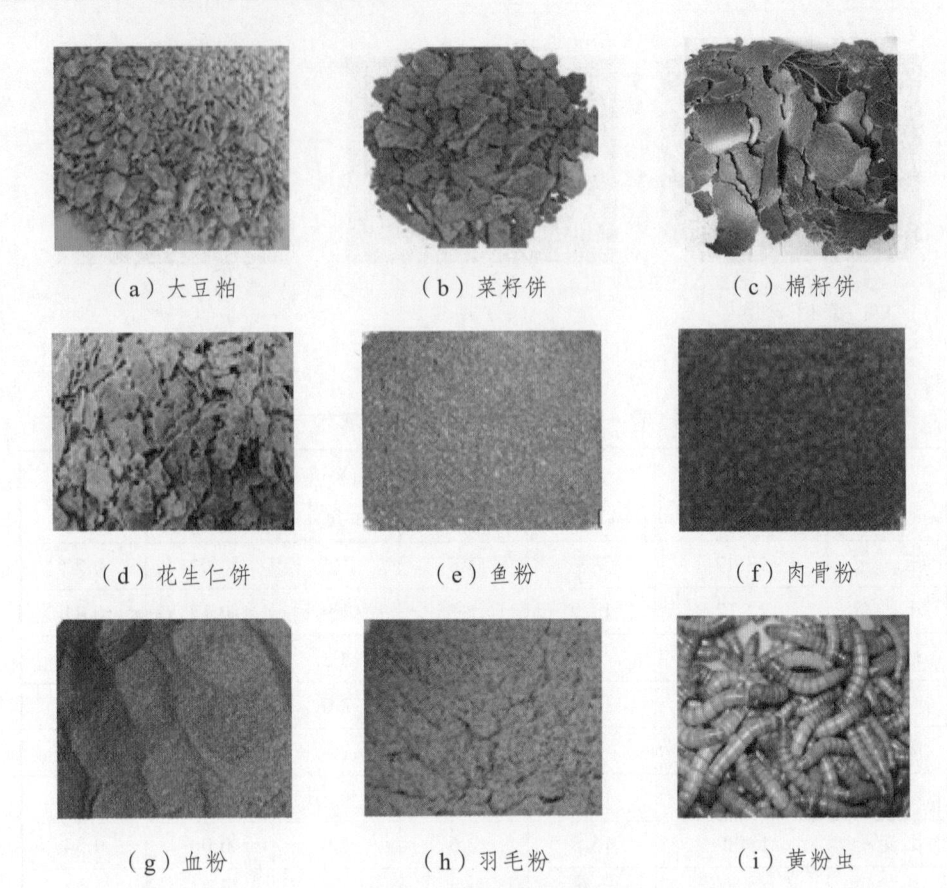

(a) 大豆粕　(b) 菜籽饼　(c) 棉籽饼

(d) 花生仁饼　(e) 鱼粉　(f) 肉骨粉

(g) 血粉　(h) 羽毛粉　(i) 黄粉虫

图 4-5　部分蛋白饲料

表 4-2　部分蛋白饲料营养成分

饲料名称	代谢能（兆焦/千克）	粗蛋白质（%）	粗脂肪（%）	粗纤维（%）	钙（%）	总磷（%）
大豆粕	10.04	47.9	1.0	4.0	0.34	0.65
棉籽饼	9.04	36.3	7.4	12.5	0.21	0.83
菜籽饼	8.16	35.7	7.4	11.4	0.59	0.96
花生仁饼	11.63	44.7	7.2	5.9	0.25	0.53
鱼粉（沿海）	11.80	60.2	4.9	0.5	4.04	2.90
肉骨粉	9.96	50.0	8.5	2.8	9.20	4.70
羽毛粉	12.62	85.0	2.6	1.5	0.30	0.77
血粉	10.25	83.8	0.6	1.3	0.20	0.24
蚕蛹渣	11.13	77.6	1.7	—	4.40	0.15

3. 青绿饲料

常见的青饲料有各种蔬菜、无毒野菜（如苦荬菜、蒲公英等）、牧草（豆科的苜蓿草、草木樨、鸡眼草、禾本科的黑麦草、菊科的菊苣）和各种树叶（榆树叶、桑树叶、果树的叶），都是生态养鸡维生素的主要来源（见图 4-6）。

（a）苦荬菜　（b）苜蓿草　（c）草木樨

（d）鸡眼草　（e）黑麦草　（f）蒲公英

（g）菊苣　（h）桑树叶

图 4-6　部分青绿饲料

4. 矿物质饲料

生产中用食盐来补充纳和氯，用石灰石粉、骨粉、蛋壳粉、贝壳粉、磷酸氢钙来补充钙和磷，砂砾用来帮助肌胃磨碎食物，其他微量元素以添加剂的形式补充（见图 4-7）。

（a）石灰石粉

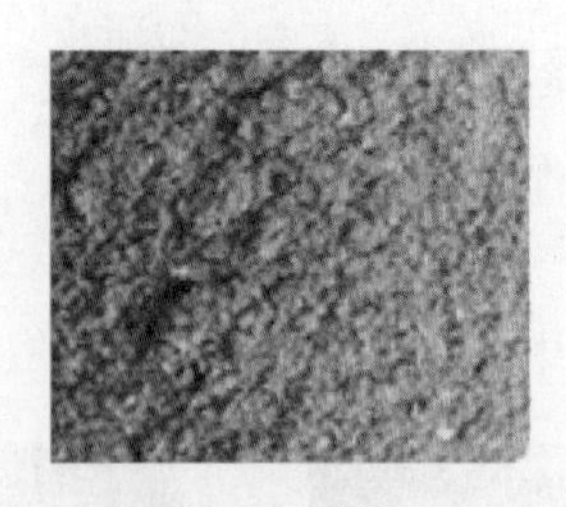
（b）骨粉

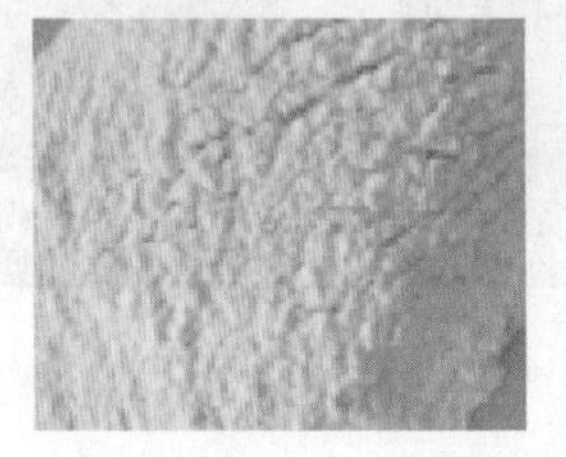
（c）贝壳粉

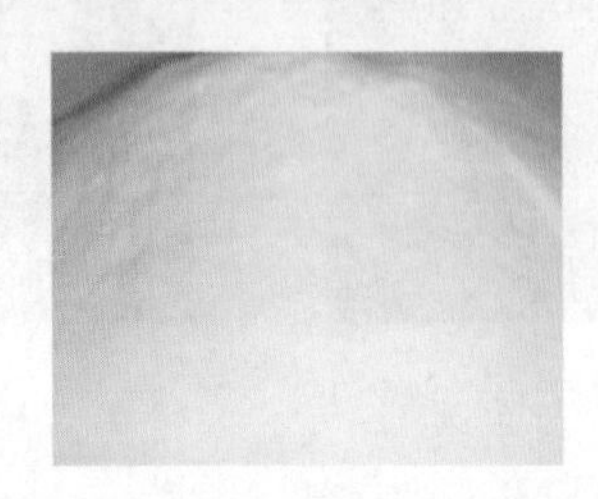
（d）磷酸氢钙

图 4-7　部分矿物质饲料

四、生态养鸡的饲养标准

生态养鸡的饲养标准可参照中华人民共和国行业标准——鸡饲养标准（NY/T 33—2004）中有关黄羽肉鸡（指地方品种鸡及含有这些地方品种鸡血缘的培育品系、配套系鸡种）的营养标准执行。黄羽肉鸡的饲养标准见表 4-3 ~ 表 4-7。

表 4-3　黄羽肉鸡仔鸡营养需要

营养指标	单位	母 0 ~ 4 周龄 公 0 ~ 6 周龄	母 5 ~ 8 周龄 公 4 ~ 5 周龄	母 > 8 周龄 公 > 5 周龄
代谢能	兆焦/千克	12.12	12.54	12.96
粗蛋白	%	21.00	19.00	16.00
蛋白能量比	克/兆焦	17.33	15.15	12.34
赖氨酸能量比	克/兆焦	0.87	0.78	0.85
赖氨酸	%	1.05	0.98	0.7
蛋氨酸	%	0.46	0.40	0.34
蛋氨酸 + 胱氨酸	%	0.85	0.72	0.65

续表 4-3

营养指标	单位	母 0～4 周龄 公 0～6 周龄	母 5～8 周龄 公 4～5 周龄	母 >8 周龄 公 >5 周龄
苏氨酸	%	0.76	0.74	0.68
钙	%	0.00	0.90	0.80
总磷	%	0.68	0.65	0.60
非植酸磷	%	0.45	0.40	0.35
纳	%	0.15	0.15	0.15
氯	%	0.15	0.15	0.15
铁	毫克/千克	80	80	80
铜	毫克/千克	8	8	8
锰	毫克/千克	80	80	80
锌	毫克/千克	60	60	60
碘	毫克/千克	0.35	0.35	0.35
硒	毫克/千克	0.15	0.15	0.15
亚油酸	%	1	1	1
维生素 A	毫克/千克	5 000	5 000	5 000
维生素 D	毫克/千克	1 000	1 000	1 000
维生素 E	毫克/千克	10	10	10
维生素 K	毫克/千克	0.50	0.50	0.50
硫胺素	毫克/千克	1.80	1.80	1.80
核黄素	毫克/千克	3.60	3.60	3.00
泛　酸	毫克/千克	10	10	10
烟　酸	毫克/千克	35	30	25
吡哆醇	毫克/千克	3.5	3.5	3.0
生物素	毫克/千克	0.15	0.15	0.15
叶　酸	毫克/千克	0.55	0.55	0.55
维生素 B12	毫克/千克	0.010	0.010	0.010
胆　碱	毫克/千克	1 000	750	500

表 4-4　黄羽肉鸡仔鸡体重及耗料表

周　龄	周末体重（克/只）		耗料量（克/只）		累计耗料量（克/只）	
	公　鸡	母　鸡	公　鸡	母　鸡	公　鸡	母　鸡
1	88	80	76	70	76	70
2	199	175	201	130	277	200
3	320	258	269	142	546	342
4	492	378	371	266	917	608
5	631	493	516	295	1 433	907
6	870	622	632	358	2 066	1 261
7	1 274	751	751	359	2 816	1 620
8	1 560	949	719	479	3 535	2 099
9	1 814	1 137	836	534	4 371	2 633
10		1 254		540		3 028
11		1 380		549		3 577
12		1 548		514		4 091

表 4-5　黄羽肉鸡种鸡营养需要

营养指标	单　位	0～6 周龄	7～18 周龄	19 周龄～开产	产蛋期
代谢能	兆焦/千克	12.12	12.70	11.50	11.50
粗蛋白	%	20.00	15.00	16.00	16.00
蛋白能量比	克/兆焦	16.50	12.82	13.91	13.91
赖氨酸能量比	克/兆焦	0.74	0.56	0.70	0.70
赖氨酸	%	0.90	0.75	0.80	0.80
蛋氨酸	%	0.38	0.29	0.37	0.40
蛋氨酸＋胱氨酸	%	0.69	0.61	0.69	0.80
苏氨酸	%	0.58	0.52	0.55	0.56
钙	%	0.90	0.90	2.00	3.00
总磷	%	0.65	0.61	0.63	0.65
非植酸磷	%	0.40	0.36	0.38	041
纳	%	0.16	0.16	0.16	0.16

续表 4-5

营养指标	单　位	0～6 周龄	7～18 周龄	19 周龄～开产	产蛋期
氯	%	0.16	0.16	0.16	0.16
铁	毫克/千克	54	54	72	72
铜	毫克/千克	5.4	5.4	7.0	7.0
锰	毫克/千克	72	72	90	90
锌	毫克/千克	54	54	72	72
碘	毫克/千克	0.60	0.60	0.90	0.90
硒	毫克/千克	0.27	0.27	0.27	0.27
亚油酸	%	1	1	1	1
维生素 A	毫克/千克	7 200	5 400	7 200	10 800
维生素 D	毫克/千克	1 440	1 080	1 620	2 160
维生素 E	毫克/千克	18	9	9	27
维生素 K	毫克/千克	1.4	1.4	1.4	1.4
硫胺素	毫克/千克	1.6	1.4	1.4	1.8
核黄素	毫克/千克	7	5	5	8
泛酸	毫克/千克	11	9	9	11
烟酸	毫克/千克	27	18	18	32
吡哆醇	毫克/千克	2.7	2.7	2.7	4.1
生物素	毫克/千克	0.14	0.09	0.09	0.18
叶酸	毫克/千克	0.90	0.45	0.45	1.08
维生素 B12	毫克/千克	0.009	0.005	0.007	0.010
胆碱	毫克/千克	1170	810	450	450

表 4-6　黄羽肉鸡种鸡生长期体重及耗料表

周　龄	体重（克/只）	耗料量（克/只）	累计耗料量（克/只）
1	110	90	90
2	180	196	286
3	250	252	538
4	330	266	804

续表 4-6

周　龄	体重（克/只）	耗料量（克/只）	累计耗料量（克/只）
5	410	280	1 084
6	500	294	1 378
7	600	322	1 700
8	690	343	2 043
9	780	364	2 407
10	870	385	2 792
11	950	406	3 198
12	1 030	427	3 625
13	1 110	448	4 073
14	1 190	469	4 542
15	1 270	490	5 032
16	1 350	511	5 543
17	1 430	532	6 075
18	1 510	553	6 628
19	1 600	574	7 202
20	1 700	595	7 797

表 4-7　黄羽肉鸡种鸡产蛋期体重及耗料表

周　龄	体重（克/只）	耗料量（克/只）	累计耗料量（克/只）
21	1 780	616	616
22	1 860	644	1 260
24	2 030	700	1 960
26	2 200	840	2 800
28	2 280	910	3 710
30	2 310	910	4 620
32	2 330	889	5 500
34	2 360	889	6 398
36	2 390	875	7 273

续表 4-7

周　龄	体重（克/只）	耗料量（克/只）	累计耗料量（克/只）
38	2 410	875	8 148
40	2 440	854	9 002
42	2 460	854	9 856
44	2 480	840	10 696
46	2 500	840	11 536
48	2 520	826	12 362
50	2 540	826	13 188
52	2 560	826	14 014
54	2 580	805	14 819
56	2 600	806	15 624
58	2 620	805	16 429
60	2 630	805	17 234
62	2 640	805	18 039
64	2 650	805	18 844
66	2 660	805	19 649

五、生态养鸡补充料饲料配方

如果只喂单一饲料，或去土里刨食，仅靠吃虫子、蚂蚱、杂草、树叶，是不能满足生态养鸡营养需要的。0～30 天雏鸡，无论采用何种饲养方式，都必须饲喂全价配合饲料，营养成分必须达到雏鸡饲养标准。如果仍采用传统的只喂小米、稻谷、玉米和青菜的方法育雏，则能量供应超标，维生素能够满足，蛋白质严重缺乏，矿物质（微量元素）不足，造成雏鸡生长缓慢，个体差异大，成活率降低，饲养期达不到增重的目标。

放养期是鸡生长发育的关键。放养时鸡只采食大量青绿饲料，粗纤维能满足，一般不喂糠麸。如果只喂能量饲料则造成鸡体型小，羽毛生长缓慢，甚至出现贫血，死亡率高。食盐是必不可少的微量元素，必须添加，如土质中缺乏某些微量元素，则应单独补加。冬季产蛋期，为了保证蛋黄色度和降低胆固醇，可在配合饲料中增加 10%～20% 的优质青饲料或添加 5% 的优质青干草。

生态养鸡场可以使用饲料厂生产的全价配合饲料，也可以使用浓缩料或预混料自行配制全价饲料。配制精料补充料的饲料原料的大致比例见表 4-8。放养期尽量不添加鱼粉、血粉等动物性蛋白饲料，多利用蝇蛆、黄粉虫、蚯蚓等昆虫，有利于提高鸡肉和鸡蛋品质。

表 4-8　生态养鸡配合饲料原料大致比例（%）

项　目	育雏期	育成期	开产期	产蛋高峰期	其他产蛋期
能量饲料	69 ~ 71	70 ~ 72	58 ~ 70	64 ~ 66	65 ~ 68
植物性蛋白饲料	23 ~ 25	12 ~ 13	20 ~ 28	22 ~ 30	19 ~ 26
动物性蛋白饲料	1 ~ 2	2 ~ 3	2 ~ 3	3 ~ 5	2 ~ 3
矿物质饲料	2.5 ~ 3.0	2 ~ 3	5 ~ 7	9 ~ 10	8 ~ 9
植物油	0 ~ 1	0 ~ 1	0 ~ 1	2 ~ 3	1 ~ 2
限制性氨基酸	0.1 ~ 0.2	0 ~ 0.1	0.1 ~ 0.25	0.2 ~ 0.3	0.15 ~ 0.25
食　盐	0.3	0.3	0.3	0.3	0.3
营养性添加剂	适　量	适　量	适　量	适　量	适　量

按照生长鸡和产蛋鸡营养需要，将放养鸡分为不同的阶段，根据不同阶段的营养需要以及中国饲料成分及营养价值表，为生态放养鸡配制不同时期的补料配方（见表 4-9）。

表 4-9　放养鸡补充料配方（%）

饲料	育雏期（0 ~ 6 周龄）		育成期（7 ~ 20 周龄）		开产前期（21 ~ 22 周龄）	产蛋期（23 周 ~ 淘汰）			
	配方 1	配方 2	配方 1	配方 2		开产期	产蛋高峰期 1	产蛋高峰期 2	其他产蛋期
玉米	63.00	44.00	70.00	72.00	67.00	60.20	54.12	67.57	57.00
小麦夫	7.00	8.00	9.70	90.05	—	—	—	—	—
大豆饼	26.64	17.00	12.00	12.00	13.00	13.00	17.08	16.00	13.00
花生仁饼	—	8.00	2.50	2.00	—	8.00	8.00	8.00	—
高粱	—	10.00	—	—	—	—	—	—	—
次粉	—	9.50	2.60	2.60	8.97	10.00	8.00	—	10.65
酵母	—	—	—	—	5.00	—	—	—	—

续表 4-9

饲料	育雏期（0～6周龄）		育成期（7～20周龄）		开产前期（21～22周龄）	产蛋期（23周～淘汰）			
	配方1	配方2	配方1	配方2		开产期	产蛋高峰期1	产蛋高峰期2	其他产蛋期
石粉	1.50	1.50	1.20	1.40	4.00	5.50	7.70	7.00	7.20
磷酸氢钙	1.00	1.10	1.20	1.00	1.40	1.30	1.20	1.00	1.20
蛋氨酸	0.05	0.05	—	—	0.08	0.10	0.10	0.08	0.10
赖氨酸	0.01	0.05	—	—	—	0.10	—	0.05	0.05
预混料	0.50	0.50	0.50	0.25	0.25	0.50	0.50	0.25	0.50
食盐	0.30	0.30	0.30	0.30	0.30	0.30	0.30	0.05	0.30
植物油						1.00	3.00	—	2.00
主要营养水平									
代谢能（兆卡/千克）	11.87	11.72	12.05	12.86	12.83	12.03	12.18	12.76	12.19
粗蛋白（%）	18.01	18.16	14.03	14.01	15.03	16.00	17.00	16.70	16.10
钙（%）	0.94	0.95	0.78	0.80	1.83	2.40	3.20	2.85	3.00
有效磷（%）	0.38	0.40	0.36	0.32	0.38	0.43	0.45	0.35	0.43
赖氨酸（%）	0.89	0.81	0.56	0.56	0.67	0.74	0.75	0.72	0.71
蛋氨酸						0.35	0.38	0.35	0.36
蛋氨酸＋胱氨酸（%）	0.66	0.61	0.48	0.49	0.59	0.62	0.65	0.63	0.62

六、配合饲料的生产

配合饲料就是把各种饲料原料清除各种杂质后，经必要的粉碎，按照配方进行计量、混合，并根据要求制成一定形状的饲料。

配合饲料生产工艺一般包括清理、粉碎、计量、混合等工序。根据配合与粉碎的先后顺序分为两种：一是先配合、后粉碎的加工工艺；二是原料先粉碎、后配合的加工工艺。

饲料厂要清理的原料主要是谷类及其加工副产品，主要是筛选和磁选，最常用的是圆筒初清筛和永磁滚筒。粉碎要求饲料粒度均匀，推荐的粒度范围为：雏鸡粉料粒度小于1.0 mm，中鸡粉料粒度小于2.0 mm，成鸡粉料粒度小于2.0～2.5 mm。最常用的设备是锤片式粉碎机。我国常用电脑控制的配料秤计量，也较常用字盘定值配料秤，能够完成配方设计的计量要求。饲料混合是保证配合饲料质量的关键工序，为了保证混合均匀度，混合可分为预混合和主混合两步进行。预混合是将各种添加剂与载体进行一次预先混合，其目的是让微量成分能够逐步扩散，使之在全价饲料中混合均匀，并缩短主混合时间。最常用的搅拌机为卧式螺旋混合机和立式混合机两种。

第五章　生态养鸡场的建筑与设备

生态放养鸡分为舍养育雏与散养两个阶段。雏鸡一般在舍内饲养至少 5 周，待脱温后在果园山林内放养，白天采食草、昆虫、砂砾等，夜间回鸡舍栖息。

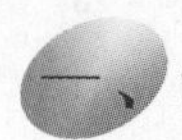

一、生态养鸡场址的选择

（一）舍养期场址的选择

育雏舍应选择地势较高、排水良好、平坦干燥、背风向阳的地方，鸡舍坐北向南。土质透气、透水性能好，抗压性强，未被传染病和寄生虫污染，以沙壤土为好。水源要充足，水质良好，无异臭和异味，保证有充足的电源。交通便利，又要与交通干线保持一定的距离，距离干线公路、村镇和居住点至少 1 km 以上。周围 3 km 内无污染源，不能选在化工厂、屠宰场、制革厂等容易造成环境污染企业的下风处或附近。

（二）散养期场址的选择

散养是利用果园、山林等地，因陋就简搭建棚舍，以放养为主、舍饲为辅的一种饲养模式。

1. 场址选择

放养场地宽阔、面积较大、不积水，且地势平坦或缓坡，背风向阳。有天然屏障，放养场地周围 30 km 范围内没有大的污染源；环境交通方便，距离交通要道及村庄 500 m 以上；水源充足，水质符合畜禽饮用水标准；有足够的野生饲料资源；有完整的建筑群，布局顺序按主导风向依次为生活管理区、生产区、兽医隔离区。放养场地的优势顺序依次为：果园 > 林地 > 农田 > 人工草地 > 天然草地。

2. 放养环境

（1）果园。以干果、主树干略高的果树和使用农药较少的果园为佳，最理想的是核桃园、枣园、柿园和桑园。树干较高的果园，各种类型的鸡都可以放养，而树干低矮、果枝下垂的果园，放养跳跃能力差、很少会上树的鸡，如速生型黄（麻）羽肉鸡、丝羽乌骨鸡、农大 3 号矮小型粉壳蛋鸡或褐壳蛋鸡。樱桃、鲜桃等一些成熟期早的果园，可在水果采摘后（6～11 月）放养各种类型的鸡群。果园养鸡要预防鸡只损坏果实，在苹果园、梨园、杏园放养鸡，应躲过用药和采收期（见图 5-1）。

图 5-1　梨树园放养鸡

（2）林地。林地下空间大，地面有较多的各类虫子和可食牧草，是放养鸡群的重要场地，可以节约饲料 10%，降低饲养成本 10%～20%。要求林地地势高燥、排水良好、环境安静、杂草和昆虫较丰富，鸡能自由觅食、活动、休息和晒太阳，最好是成林林地，速生林、竹林、松树或柏树林适合各种类型鸡群的放养。一些山区为了防止水土流失种植了大片的杂木林，当树龄超过 5 年后，可以用于生态养鸡。林下可以种植苜蓿等饲草（见图 5-2）。

（a）速生林放养

（b）杂木林放养

（c）竹林放养

图 5-2　林地放养鸡

（3）农田。雏鸡脱温后，散养在田间，让其自由觅食，是一种节粮、省钱的饲养方法。选择地势高燥、背风向阳、环境安静、饮水方便、无污染、无兽害的大田。一般选择高秆作物的地块放养鸡（见图 5-3）。

图 5-3　农田放养鸡

（4）山场。山场具有丰富的动植物资源，能为鸡群提供丰富的天然饲料。山场空气新鲜，场地宽阔，具有天然疫病隔离屏障，是很好的生态养鸡场地（见图 5-4）。

图 5-4　山场放养鸡

（5）草场。天然草场和人工草场具有丰富的虫、草资源，鸡群可采食大量的植物、昆虫、草籽和土壤中的矿物质。草场放养鸡最好选择有树木的草场，能为鸡群遮阴、避雨，否则，需要搭建简易雨棚（见图 5-5）。

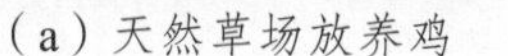

（a）天然草场放养鸡　　（b）人工草场放养鸡

图 5-5　草场放养鸡

（6）其他。近年来不少地方把种植绿化苗木作为发展地方经济的一个重要产业，在成片的苗木地内也可以放养鸡群（见图 5-6）。

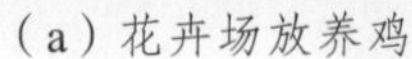
（a）花卉场放养鸡　　（b）苗木场放养鸡

图 5-6　花木场放养鸡

二、生态养鸡场的规划与布局

生态放养鸡场每批饲养量 500～3 000 只，规模相对较小，各种设施建设和布局相对简单。全场布局顺序按主导风向及地势高低依次为管理区、生产区和隔离区（见图 5-7），各区有围墙隔开。当地势与风向不一致时，一般以风向安排为主。

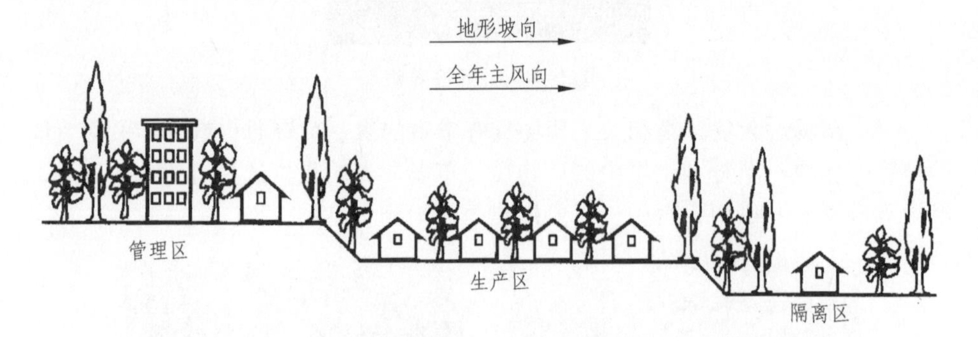

图 5-7　按地势和风向划分场区示意图

1. 管理区

管理区应设在上风处和地势最高处，包括办公用房和生活用房。鸡场大门前设消毒池，两侧设门卫和消毒更衣室，外来车辆一律不得随便进入。

2. 生产区

生产区是全场的核心区域，位于管理区的下风向处，主要包括育雏区和放养区，依次建有饲料库、蛋库、雏鸡舍和放养鸡舍。育雏舍间距不低于 30 m，放养鸡舍间距按照放养鸡的活动半径设计，一般不低于 180 m。场区道路分为净道和污道，互不交叉，净道用于鸡只、饲料和清洁设备的运输，是场内的主干道，污道是运输粪污、病死畜禽的道路。

3. 隔扇区

隔离区是畜牧场病畜、粪污集中之地，应设在全场最下风向和地势最低处，尽可能与外界隔绝，四周应有隔离屏障，如防疫沟、围墙、栅栏等，并设有单独的通道和出入口。

三、生态养鸡场鸡舍的建造

1. 普通型鸡舍

常作为育雏舍和放养鸡越冬或产蛋鸡舍（见图 5-8）。要求保温防暑性能和通风换气良好，便于冲洗排水和消毒防疫，舍前有活动场地。一般为砖木结构的有窗式鸡舍，四面有墙，墙上留窗户，人工光照加补充光照，自然通风为主。鸡舍高 2.2 ~ 2.5 m，宽 4 ~ 6 m，长 10 ~ 12 m。每舍能容纳 300 ~ 500 只产蛋鸡或青年鸡。棚舍内可设置休息架，每只鸡所占休息架的位置不低于 17 ~ 20 cm。此种鸡舍也可以利用空房进行改造，地面用石灰、泥土和煤渣打成三合土，垫高舍内地面。

育雏舍内采用火炉保温为主，通过烟管将煤气直接排出室外，有条件的地方可以另加红外线保温灯提高室内的温度。育雏室应有换气的窗口，既能保证室内温度，又有利于新鲜空气的供给及室内有害气体的排出。如育雏 1 000 只雏鸡，鸡舍面积为 30 ~ 40 m^2，密度为 25 ~ 30 只/m^2。地面垫料可采用刨花、谷壳、稻草等。每次进雏前必须对场地进行消毒。出雏后应把垫料及鸡粪彻底清除，严格消毒后备用。

图 5-8 普通鸡舍

2. 简易型鸡舍

放养鸡的简易棚舍，可作为放养鸡群在夏秋季节遮风避雨和夜间休息的场所。要求棚舍能保温挡风，不漏雨不积水。棚舍主要支架用铁丝分 4 个方向拉牢，双坡或单坡式顶棚架，一般棚宽 3 ~ 5 m，高 2 ~ 2.2 m，长 8 ~ 10 m，两侧高 1 m，每棚舍能容纳 200 ~ 300 只青年鸡或 200 只产蛋鸡。放养面积较大时，可多搭几个，一群鸡建 1 个鸡棚（见图 5-9）。

材料可用砖瓦、竹竿、木棍、角铁、钢管、油毡、石棉瓦以及篷布、塑料布等搭建。棚顶先盖一层油毡，上面覆一层茅草或麦秸，草上覆一层塑料薄膜防水保温。棚的四壁用秸秆编成篱笆墙，或用塑料布等围上。在炎热天时，可以掀起 0.8 ~ 1.0 m 高，以利于降温。舍内地面平整，设置 2 ~ 3 层栖架，接好电灯，母鸡棚内要建产蛋窝。棚舍南面留几个可以关闭的洞口，用于鸡只进出。

在放养场地周边要有隔离设施，可以选用尼龙网、铁丝或竹园，高度 2.5 m 以上，防止鸡飞出。围网内放置料槽和饮水器，供鸡觅食。林内留有杂草等天然食物，以增加鸡群采食量。但杂草切忌过深过密，以免蛇、鼠对鸡群伤害。

若不搭栖架，为了保暖，地面应铺些垫料。垫料要求新鲜无污染，松软，干燥，吸水性强，长短粗细适中，如青干草、稻草、锯屑、谷壳、小刨花等，可以混合使用。使用前应将垫料曝晒，发现发霉垫草应当挑出，铺设厚度以 3 ~ 5 cm 为宜。

（a）单坡式鸡舍

（b）双坡式鸡舍

（c）塑料大棚鸡舍

（d）四周设围网

（e）舍内铺栖架

图 5-9 简易鸡舍

四、生态养鸡场的设备和用具

1. 喂料设备

市售有 4 ~ 10 kg 的料桶，或用木板、竹子、镀锌板、硬质塑料板等材料自制料槽。放养鸡用料槽，底宽 10 ~ 12 cm，底长 110 ~ 120 cm，上方加盖一个盖料隔，以防饲料浪费和鸡粪污染饲料（见图 5-10）。每 100 只小鸡或 50 只大鸡需 1 个料桶。

（a）料桶

（b）料槽

图 5-10　喂料设备

2. 饮水设备

饮水设备有真空饮水器、乳头饮水器、自动饮水装置、水槽、水盆等，大多由塑料制成，水槽也可用木、竹等材料制成。饮水器的吊挂高度必须合适，要使其边缘与雏鸡背部或成鸡的眼部齐平（见图 5-11）。每 100 只小鸡或 50 只大鸡配 1 个饮水器。

（a）吊塔饮水器

（b）乳头饮水器

（c）真空饮水器

（d）水盆

（e）竹节饮水器

图 5-11　饮水设备

3. 供暖设备

雏鸡可采用煤炉、红外线灯、烟道、电热保温伞、热风炉及热水供温。保温良好的鸡舍，20 m² 房子需 1 个煤炉即可。一盏红外线灯泡为 250 W，可供 100～200 只雏鸡保温。直径 2 m 的电热保温伞可育雏 300～500 只小鸡。烟道供温应注意不能漏烟，以防煤气中毒。热风炉是目前应用最多的集中式采暖的一种方法，210 MJ 热风炉的供暖面积可达 500 m²（见图 5-12）。

（a）保温伞

（b）热风炉

（c）煤炉

图 5-12　供暖设备

4. 通风换气设备

通风换气设备常采用风扇通风（见图 5-13）。

图 5-13　风机

5. 照明设备

育雏前 7 天，20 cm^2 面积配一只 40 W 的白炽灯，以后换成 15 W 的白炽灯。灯泡高度以 1.5 ~ 2.0 m 为宜。

6. 产蛋箱

为了防止母鸡产窝外蛋，要在鸡舍内设置产蛋窝。每个产蛋窝宽 30 cm、高 37 cm、深 37 cm，用木板或砖瓦制成。可搭建 2 ~ 3 层，最底层距地面 0.2 ~ 0.3 m，每 4 只母鸡设 1 个产蛋窝，置于避光安静处，产蛋窝面向鸡舍中央，窝内铺设垫草。预先放入一个鸡蛋训导鸡在产蛋窝内产蛋（见图 5-14）。

图 5-14　双层产蛋箱

7. 栖　架

栖架安置于鸡舍内，满足鸡登高栖息的习性。栖架用木杆、竹竿或钢管搭建，为“A”字形或间距 50 cm 的横隔型（见图 5-15）。

8. 诱光灯

诱光灯主要有黑光灯和高压灭蛾灯。夏季将诱光灯悬挂于离地面 2 m 高处，每天开灯 2 h（见图 5-16）。

图 5-15　栖架

图 5-16 诱光灯

第六章　鸡的人工孵化

一、种蛋的管理

（一）种蛋的选择

饲养员在鸡舍内应及时收集种蛋，一天集蛋 2 次。送至蛋库内第 2 次选择，合格种蛋保存后备用。种蛋送至孵化车间后进行第 3 次选择。

种蛋应来源于高产、健康的种鸡群，种蛋受精率在 80% 以上。以产后 1 周以内、卵圆形的种蛋为好，过大、过小、过长、过圆的蛋应剔除。蛋重和蛋壳颜色应符合品种要求。蛋壳质量差的蛋，如钢皮、腰箍、沙皮、软皮蛋、破损蛋、裂纹蛋应剔除，被粪便污染的蛋不可做种蛋（见图 6-1）。

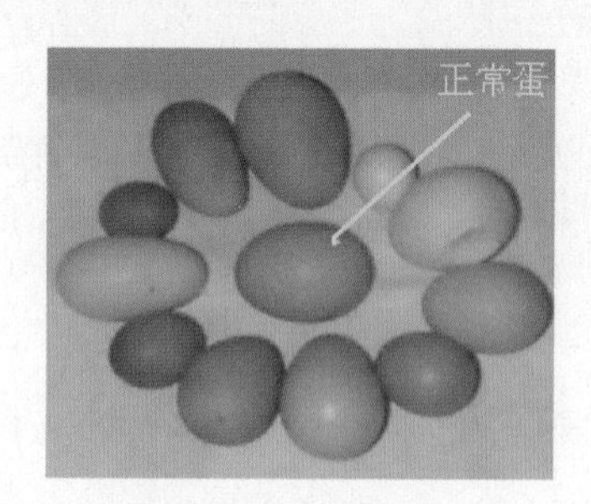

图 6-1　种蛋的选择

听音选择：两手各拿 3 个蛋，转动五指，使蛋与蛋互相轻碰，好蛋的声音清脆，破损蛋可听到破裂声。

照蛋检查：用照蛋器透视，蛋壳应厚薄一致，气室小，气室在大头。若气室大则是陈旧蛋，若看见裂纹是破损蛋，如看见一点一点的亮点是沙皮蛋。若蛋黄上浮，是贮存过久，或运输时受震致系带折断。若蛋内变黑，是贮存过久，微生物侵入使蛋白分解腐败的臭蛋。

视抽剖验：新鲜蛋的蛋白浓厚，蛋黄隆起高。陈蛋的蛋白稀薄，蛋黄扁平甚至散黄。

（二）种蛋的消毒

散养鸡蛋产出后，由于垫料不洁，蛋壳表面会沾污大量的细菌，细菌透过蛋壳上的细孔进入蛋内影响孵化率和雏鸡质量。因此每次收集种蛋后，应立即进行消毒。将种蛋放在单独的消毒间，按每 m^3 容积加甲醛 28 mL、高锰酸钾 14 g 的比例混合熏蒸 20 ~ 30 min。熏蒸时关严门窗，室内温度保持 25 ~ 27 °C，湿度 75% ~ 80%，熏蒸后排出气体。

（三）种蛋的保存

散养鸡的种蛋应保存在清洁、整齐、无灰尘的地方，通风防潮，避免日光直射。应大头向上放置，以保存 1 周为宜，保存时间越短，蛋越新鲜，孵化率越高（见图 6-2）。保存温度 13 ~ 18 °C、保存湿度 70% ~ 80% 为宜，因为鸡胚发育的临界温度为 23.9 °C，保存时的温度不能超过此温度，否则早期胚胎容易死亡。

图 6-2 种蛋的保存

（四）种蛋的运输

有专门的种蛋箱运输种蛋，要求快速平稳安全，减少震动，防止卵黄膜破裂和系带断裂（见图 6-3）。夏季注意遮阴和防雨，冬季注意保暖以防种蛋受冻。

图 6-3 种蛋箱

二、孵化操作

（一）孵化前的准备

（1）制定孵化计划。在孵化前，根据孵化和出雏能力、种蛋的数量以及雏鸡的销售等具体情况，制订出孵化计划，填入孵化工作日程计划表、孵化进程表（见表 6-1、表 6-2）。

表 6-1　孵化工作日程计划表

批次	入孵时间	头照	出雏器消毒	移盘	雏鸡消毒	出雏	出雏结束时间	雌雄鉴别	接种疫苗	接雏

表 6-2　孵化进程表

批次	日　期								
	2 月 1 日	2 3 4	5	6	7 8 9	10 11 12 13	14 15 16 17 18	19 20 21	22
一	入孵			一照		二照		移盘	出雏
二									

（2）孵化室及孵化器的消毒。孵化室的地面、墙壁、天棚均应彻底清洗消毒，并用福尔马林进行熏蒸消毒。

（3）准备孵化用品。孵化前一周，一切用品应准备齐全，包括：照蛋灯、温度计、消毒药品、防疫注射器、记录表格、电动机等。

（4）孵化机检修和试机。孵化用的温度计和水银电接点温度计要用标准温度计校正。对孵化器进行检查检修，然后试机运转 1 ~ 2 d，一切正常方可正式入孵。

（a）外部

（b）内部

图 6-4　自动孵化器

（二）种蛋预热

入孵前预热种蛋，能使胚胎发育从静止状态中逐渐“苏醒”过来，减少孵化器里温度下降的幅度，除去蛋表凝水，以便入孵后能立刻消毒种蛋。在入孵前 12 h，将种蛋移至孵化室，使种蛋初步升温。

（三）码盘、消毒、入孵

（1）码盘。蛋的钝端向上放入孵化蛋盘，清点蛋数，登记于孵化记录表中，同时进行再次选蛋。

（2）消毒。用熏蒸法消毒。每 m^3 空间用福尔马林 28 ml、高锰酸钾 14 g，先将高锰酸钾放在陶瓷器皿内，再将福尔马林溶液快速倒入，二者相遇发生剧烈反应，可产生大量气体杀灭病原菌。在温度为 20 ~ 26 °C，相对湿度为 60% ~ 65% 的条件下，密闭 30 min 即可（见图 6-5）。

（a）福尔马林熏蒸

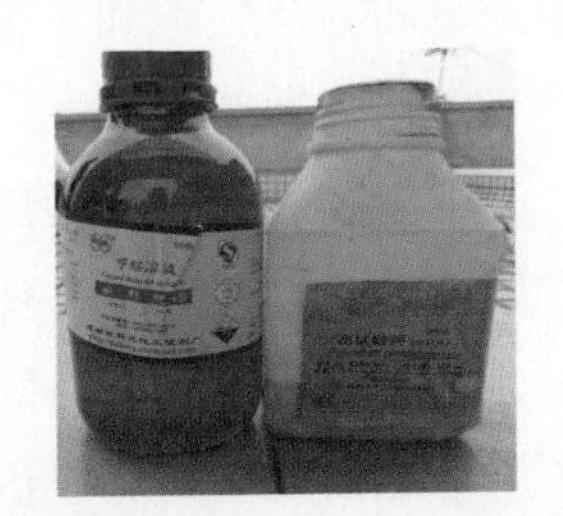

（b）福尔马林、高锰酸钾

图 6-5 种蛋消毒

（3）入孵。入孵时间在下午 4 ~ 5 点钟，这样可望白天大量出雏。

图 6-6 入孵

（四）控制孵化条件

种蛋孵化条件见表 6-3。

表 6-3　种蛋孵化条件

孵化条件	孵化器	
	孵化机	出雏机
温　度	37.5 ~ 38.2 °C	37.2 ~ 37.5 °C
相对湿度	55% 左右	65% ~ 70%
通气孔	开 50% ~ 70%	全　开
翻　蛋	每 2 h 一次	停　止

（1）温度。温度是胚胎发育的首要条件，只有在适宜的温度条件下，才能保证家禽胚胎正常的物质代谢和生长发育，获得高的孵化率和优质雏鸡。适宜温度条件下，鸡的孵化期为 20 d 零 18 h，若提前出雏则孵化温度偏高，反之，则温度偏低。温度过高、过低都会影响胚胎的发育，严重时可造成胚胎死亡。

温度经过调整固定后不要轻易变动，每隔半小时观察一次温度，每两小时记录 1 次温度，机内温度偏高或偏低 0.5 °C 以上时应及时调整。有经验的孵化人员，还经常用手触摸胚蛋或将胚蛋放在眼皮上测温，必要时，还可照蛋，以了解胚胎发育情况和孵化给温是否合适。

看胎施温口诀：3 天预检“蚊虫”清，4 天“蜘蛛”把壳叮，
5 天正好是“起珠”，第一阶段即完成；
6 天“双珠”已出现，七沉八浮背“把边”，
9 天“发边”长得猛，稳住温度实要紧，
11 天前全“合拢”，第二阶段已完成；
此后变化不明显，血管加粗色渐深，
17 天时已“封门”，第三阶段亦完成；
后期蛋温渐增高，眼皮感温显重要，
两种方法配合巧，孵化效果就会好。

鸡胚胎每日发育特征如图 6-7 所示。

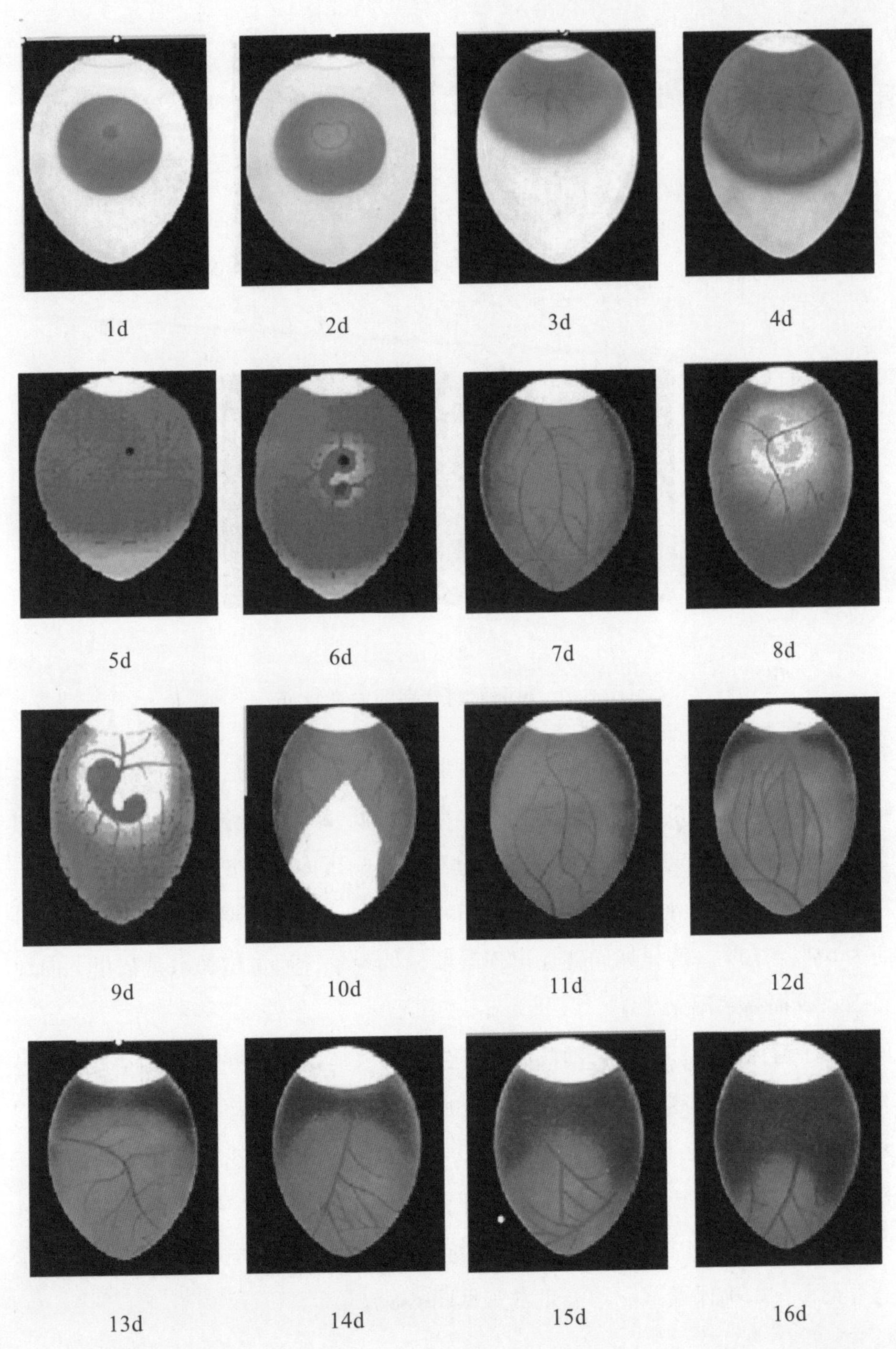
1d
2d
3d
4d
5d
6d
7d
8d
9d
10d
11d
12d
13d
14d
15d
16d

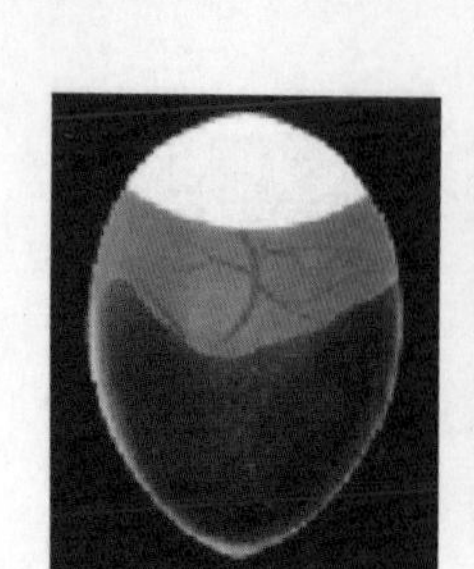

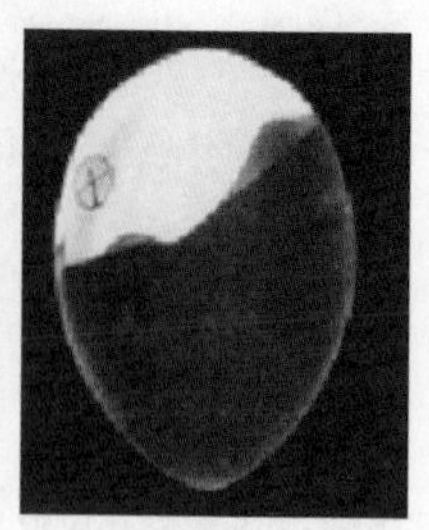

17d 18d 19d 20d

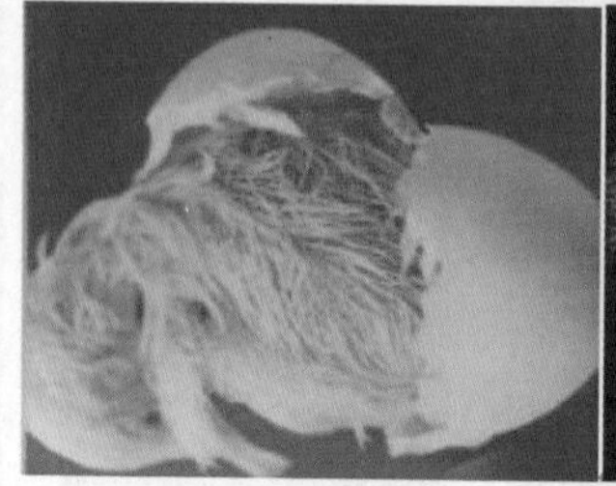

21d

图 6-7 鸡胚胎孵化期的发育特征

（2）湿度。在孵化初期湿度可使胚胎受热良好，孵化后期可使胚胎散热良好，出雏时提高湿度有利于雏鸡啄壳。湿度过低，蛋内水分蒸发过多，胚胎和壳膜容易粘连，引起雏鸡脱水。湿度过高，影响蛋内水分正常蒸发，雏腹大，脐部愈合不良。孵化初期相对湿度为 60%～70%，孵化中期为 50%～55%，后期为 65%～70%。孵化期间往往出现湿度偏低现象，通过增加水盘数量、向地面洒水或提高水温来增湿。

（3）通风换气。可以帮助胚胎与外界进行气体交换，并调节机内温度和湿度。孵化机内空气越新鲜，越有利于胚胎正常发育，出雏率也越高。孵化前三天（尤其是冬季），胚胎自身产热量低，可关闭进、排气孔，随胚龄的增加逐渐打开进出气孔，至孵化后期全部打开，加大通风换气量。要定期检查进出风口的防尘纱窗，及时清理灰尘，经常检查风扇转动情况，电机和传动皮带工作是否正常，以确保通气和均温正常（见图 6-8）。

(a) 加热管、水箱

(b) 出风口

图 6-8 加热、加湿、通风系统

(4) 翻蛋。定时转动蛋的位置，可防止胚胎与壳膜粘连，可促进胚胎运动，使胚胎受热均匀，尤其在第一周更为重要。一般每隔 2 h 翻蛋 1 次，每次翻动 90°，出雏期要停止翻蛋，以利于出壳。遇到停电，首先要打开机门，尽快发电，每 1 h 手动翻蛋 1 次（见图 6-9）。

图 6-9 翻蛋

（五）照 蛋

可通过光源检查胚胎发育情况，剔除无精蛋和死胚蛋。一般整个孵化过程中可照蛋 2 ~ 3 次（见表 6-4、图 6-10）。

表 6-4 照蛋日期和胚胎特征

照 蛋	孵化天数			胚胎特征
	鸡	鸭	鹅	
头 照	5	6 ~ 7	7 ~ 8	黑色眼点（起珠或单珠）
抽 验	10 ~ 11	13 ~ 14	15 ~ 16	尿囊绒毛膜（合拢）
二 照	19	25 ~ 26	28	气室倾斜（闪毛）

图 6-10　照蛋

1. 一　照

鸡胚孵化至第 5 d 进行，剔出无精蛋、死胚蛋和破损蛋（见图 6-11）。

① 正常胚蛋：血管网鲜红，扩散面占蛋体的 4/5，胚胎发育像蜘蛛形态，并可看见黑色的眼点，俗称“起珠”。将蛋微微晃动，胚胎也随之而动。

② 弱胚蛋：发育缓慢，胚体较小，血管淡而纤细，扩散面不足蛋体的 1/5，眼点不明显。

③ 死胚蛋：蛋内有不规则的血圈、血线或血点，无血管扩散。

④ 无精蛋：蛋内透明，蛋黄稍扩大，颜色淡黄，看不见血管及胚胎，有时可见蛋黄阴影。

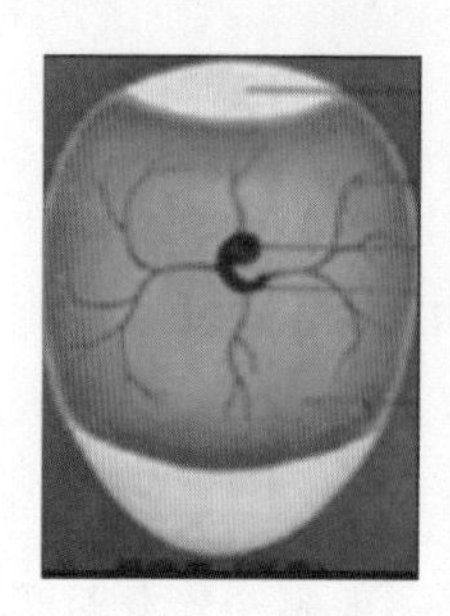

（a）正常胚蛋

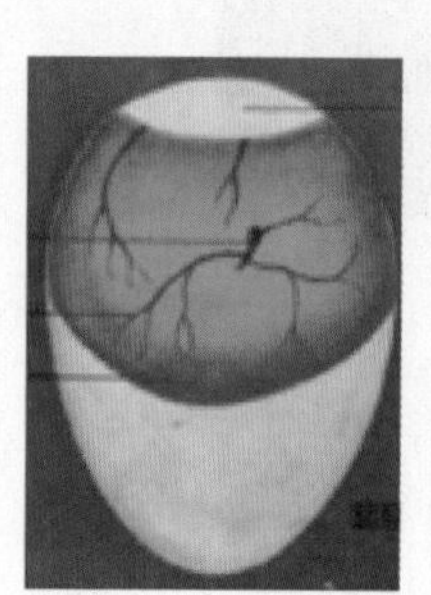

（b）弱胚蛋

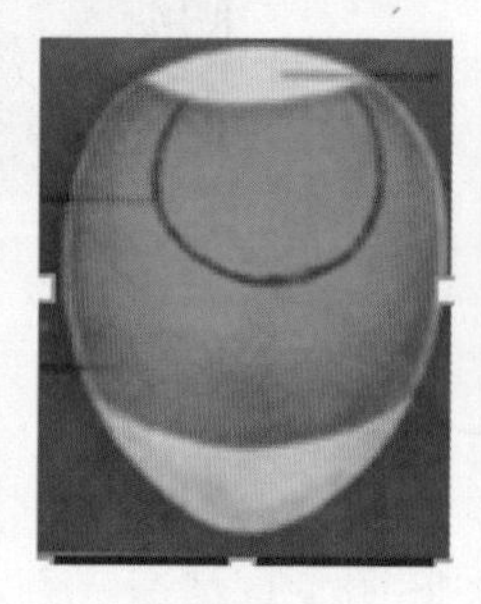

（c）死胚蛋

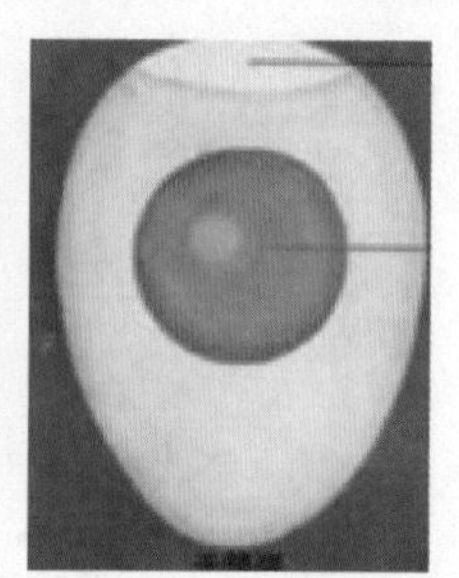

（d）无精蛋

图 6-11　一照胚胎特征

2. 抽　验

鸡胚孵化至 10 d，随机检查上、中、下各一盘胚蛋，透视锐端（见图 6-12）。

① 正常胚蛋：尿囊血管已在锐端“合拢”，并包围所有蛋内容物；整个胚蛋除气室外全部布满血管。

② 弱胚蛋：尿囊未合拢，锐端淡白。

③ 死胎蛋：很小的胚胎与蛋黄分离，小头发亮。

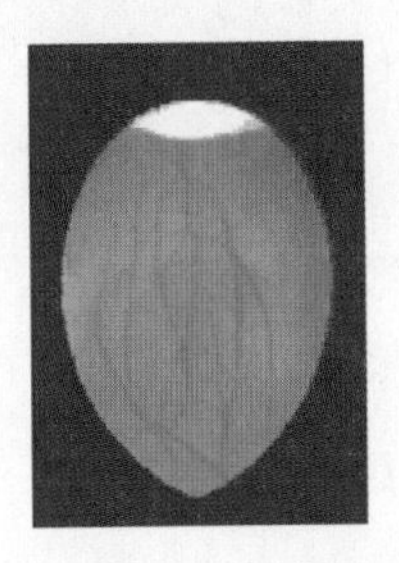
（a）正常胚蛋

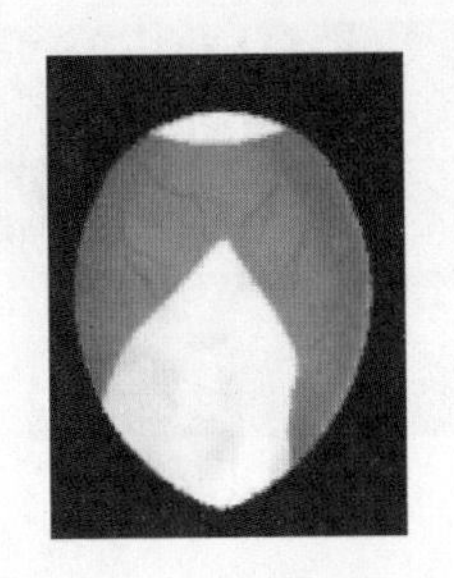
（b）弱胚蛋

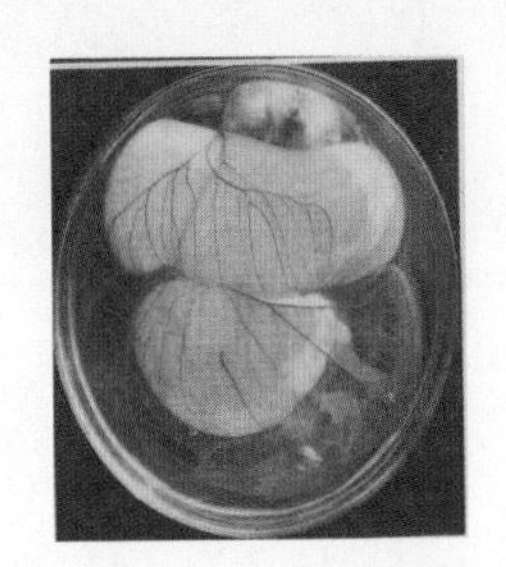
（c）死胚蛋

图 6-12　抽验胚胎特征

3. 二　照

鸡胚孵化至 19 d 时二照，检查胚胎发育情况，剔除死胚蛋，此次照蛋后即落盘（见图 6-13）。

① 正常活胚：气室大而弯曲且不整齐，除气室外胚胎已占满蛋的全部容积，蛋内全为黑色，气室内有喙的阴影，俗称“闪毛”。

② 弱胚蛋：气室小，边缘平齐，血管纤细。

③ 死胚蛋：气室边缘暗淡模糊，无血管分布，蛋表面发凉。

（a）正常胚蛋

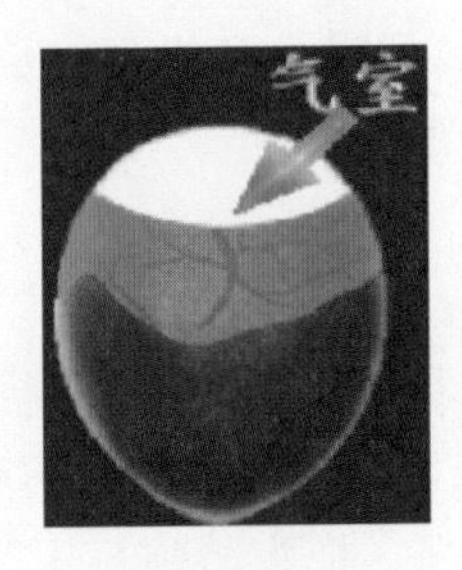

（b）弱胚蛋

（c）死胚蛋

图 6-13　二照胚胎特征

（六）落　盘

鸡胚孵至 19 d，经过最后一次照蛋后，将胚蛋从孵化器的孵化蛋盘移到出雏器的出雏盘内（见图 6-14）。需要提前开出雏机，定温，定湿，加水，调整好通风孔，备好出雏盘。胚蛋平码在出雏盘上，蛋数不可太少，太少了温度不够，可能延长出雏时间；落盘的蛋数太多，会造成热量不易散发和新鲜空气不足，把胚胎烧死和闷死。落盘后的种蛋停止翻蛋，增加孵化湿度，降低温度。

图 6-14 落盘

(七)出雏及助产

鸡蛋孵化满 20 d，即开始出壳，20.5 d 大量出壳，21 d 出雏结束，21.5 d 扫盘。

1. 捡 雏

孵化满 20 d 后，及时捡出绒毛已干的雏鸡和空蛋壳，以防蛋壳套在其他胚蛋上闷死雏鸡。在出雏高峰期，应每 4 h 拣 1 次，大部分出雏后将已“打嘴”的胚蛋并盘，放在上层，以促进弱胚出雏。

捡出的雏鸡放入箱内，置于 25 °C 室温内存放。出雏期间要保持孵化室内的温度、湿度，室内安静，尽量少开机门，最好将出雏机玻璃门用黑布或黑纸遮掩，免得已出的雏鸡骚动。

2. 人工助产

一般在大批出雏后，对已啄壳但无力自行破壳的雏鸡进行人工出壳。将蛋壳膜已枯黄的胚蛋(说明该胚蛋蛋黄已进入腹腔，脐部已愈合，尿囊绒毛膜已完全干枯萎缩)，破去钝端蛋壳，把头、颈、翅拉出壳外，然后让雏鸡自行挣扎脱壳，不能人为拉出，以防雏鸡出血死亡。蛋壳膜湿润发白的胚蛋，不能进行人工助产，否则尿囊绒毛膜血管破裂流血，造成雏鸡死亡或残弱雏(见图 6-15)。

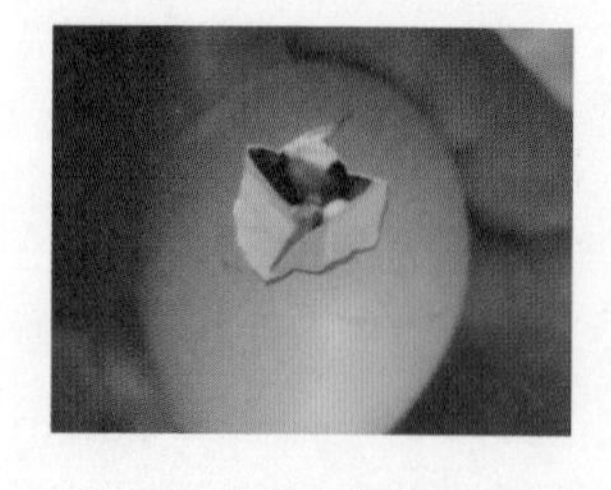

(a)啄壳

(b)出雏

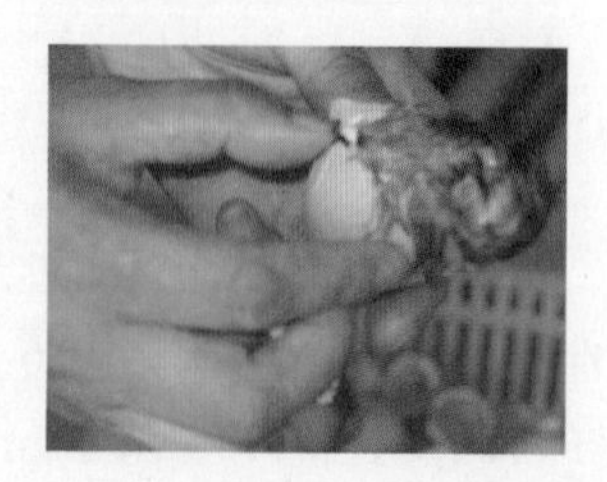

(c)人工助产

图 6-15 出雏与助产

（八）机具清洗与消毒

出雏完毕，将孵化器、出雏器彻底清洗，再用消毒药物进行喷洒，以备下次孵化使用（见图 6-16）。

图 6-16　机器消毒

（九）孵化记录

按表 6-5 准确统计孵化成绩，以便分析孵化效果。

表 6-5　孵化记录表

批次	上蛋日期	上蛋数	无精蛋			中死蛋			死胎	碎蛋	出雏			受精蛋数	受精率（%）	受精蛋孵化率（%）	入孵蛋孵化率（%）
			一照	二照	合计	一照	二照	合计			健雏	弱雏	合计				

三、初生雏鸡的处理

1. 雌雄鉴别

（1）翻肛鉴别。根据雏鸡生殖突起的有无和组织形态上的差异，在雏鸡出壳 12 h 以内，在 200 W 的白炽灯下，用肉眼即可分辨出雌雄（见表 6-6、图 6-17）。

表 6-6　初生鸡生殖突起的形态特征

性　别	生殖突起	八字皱襞
雌　雏	无（或小，不充血）	退　化
雄　雏	大而圆，充血明显	很发达

（a）握雏、排粪

（b）翻肛

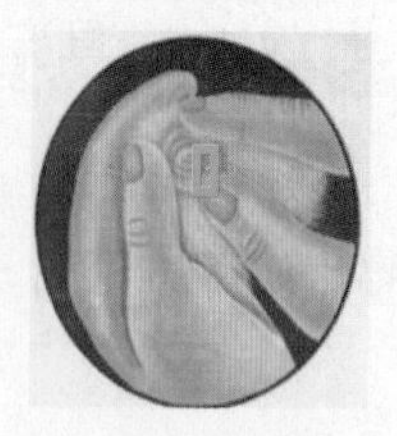
（c）鉴别

图 6-17　翻肛鉴别法

（2）羽色自别。蛋用种鸡用银白色公鸡与金黄色母鸡交配，子一代中银白色为公雏，金黄色为母雏（见图 6-18）。

（3）羽速自别。蛋用种鸡用慢羽母鸡与快羽公鸡交配，子一代中，快羽型为母鸡，慢羽型为公鸡。鉴别时，左手握作雏鸡，右手将翅展开，从上向下观察外侧面上的羽毛。如主翼羽长于覆主翼羽为快羽，反之，主翼羽短于或等于覆主翼羽为慢羽（见图 6-19）。

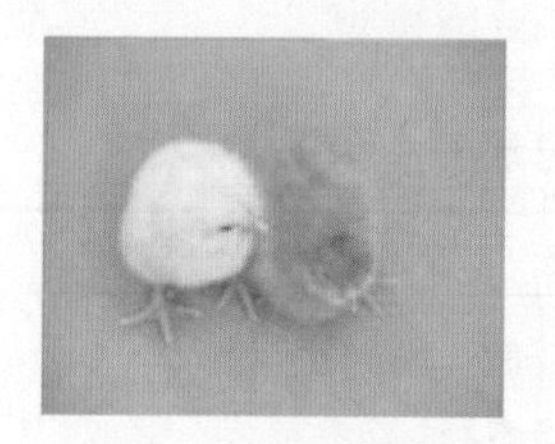
图 6-18　羽色自别

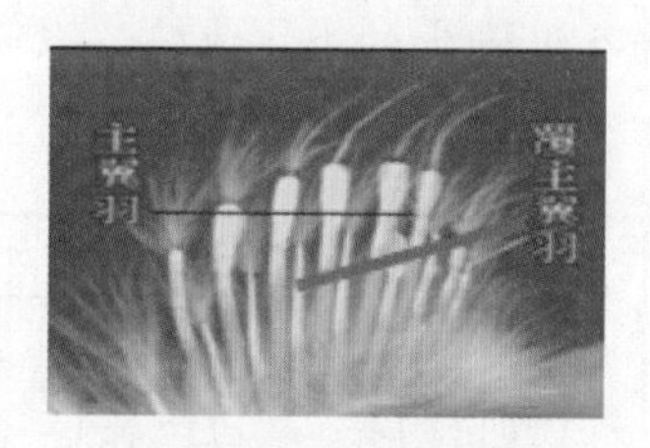

图 6-19　羽速自别

2. 分　级

雏鸡分级标准见表 6-7 和如图 6-20 所示。

表 6-7　初生雏鸡分级标准

级别	精神状态	体重	腹部	脐部	绒毛	下肢	畸形	活力
健雏	活泼好动，眼睛有神	符合本品种要求	大小适中，平坦柔软	收缩良好	长短适中，毛色光亮	健壮，行动稳当	无	挣脱有力
弱雏	眼小细长，呆立嗜睡	过小或符合品种要求	过大或过小，肛门污秽	收缩不良，大肚脐	长或短，沾污	站立不稳，喜卧，行走蹒跚	无	软绵无力
残次雏	不睁眼或单眼、瞎眼	过小干瘪	过大或软或硬、青色	蛋黄吸收不完全、血脐	火烧毛、卷毛或无绒毛	弯趾跛腿、无法站立	有	无

（a）健雏

（b）残次雏

图 6-20　雏鸡分级

3. 接种马立克氏疫苗

雏鸡出生 24 h 以内，颈部皮下注射马立克氏疫苗，每只 0.25 ml（见图 6-21）。

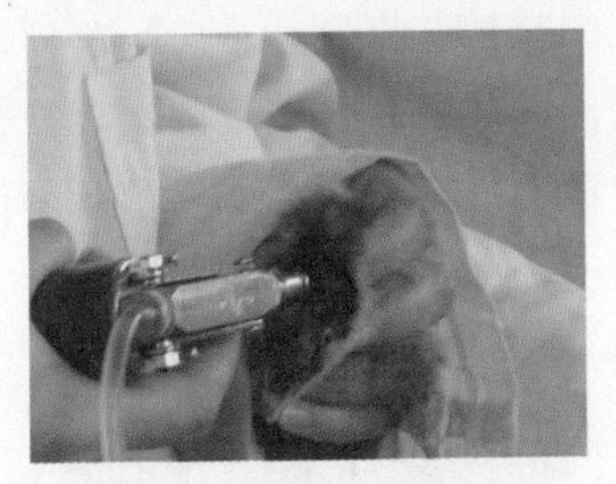

图 6-21　接种马立克氏疫苗

第七章　鸡的生态放养技术

一、育雏技术

（一）饲养方式

1. 地面平养

采用土地、炕面、砖地面或水泥地面，在地面铺 5 ~ 10 cm 厚的垫料，如稻壳、粗锯末、小刨花、碎草等，育雏结束后一次性清除垫料。采用煤炉、火炕、电热伞升温，限于条件差的、规模较小的饲养户，简单易行，投资少。鸡与粪直接接触，易发生肠道病、寄生虫病或其他细菌病，如白痢、球虫和各种肠炎等（见图 7-1）。

图 7-1　地面平养

2. 网上平养

用网面（铁丝网、塑料网、木板条或竹竿）来代替地面育雏。刚进鸡时，在网面上铺一层小孔塑料网，待雏鸡日龄增大时，撤掉塑料网。网面距地面 60 ~ 100 cm，鸡不直接接触粪便，不易患肠道病（见图 7-2）。

图 7-2　网上平养

3. 立体笼养

适合于大中型饲养场使用。育雏笼一般分为 3 ~ 4 层，每层之间有接粪板，四周外侧挂有料槽和水槽。热源集中，容易保温，雏鸡成活率高，管理方便，单位面积饲养量大。育雏笼上下层温差大，小日龄在上面 2 ~ 3 层集中饲养，待鸡稍大后，逐渐移到其他层饲养（见图 7-3）。

图 7-3　立体笼养

（二）进鸡前的准备工作

（1）消毒。将育雏室打扫干净，所有设备工具清洗干净，放置好，关闭门窗消毒。用福尔马林 28 ml/m^3、高锰酸钾 14 g/m^3 熏蒸 24 h，然后打开门窗通风换气，直至无气味。空栏 15 d 以后，再进鸡。

（2）饲料。育雏期 1 ~ 6 周，每只鸡消耗 1.2 ~ 1.5 kg 饲料，必须备齐一周的雏鸡全价料。

（3）药品。抗应激药（维生素 C、葡萄糖），疫苗，消毒药，抗白痢药，抗球虫药。

（4）用具。料桶和饮水器、干湿温度计、记录本、垫料。

（5）预热。用电热保温伞、红外线灯、烟道或暖气供热。接雏前一天开始预热，室温应达到 32 ~ 35 °C（见图 7-4）。

（a）笼底铺报纸

（b）预防药

（c）预热鸡舍

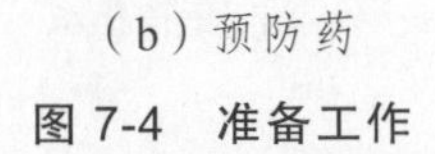

图 7-4　准备工作

（三）选择健康鸡苗

一看，看雏鸡的精神、绒毛、脐部愈合；二摸，摸雏鸡的体温、腹部柔软度；三听，听雏鸡的叫声。品质优良的雏鸡，体格结实，握在手中挣扎有力，精神活泼，眼大有神，叫声洪亮，绒毛丰满整洁，蛋黄吸收良好，腹部大小适中，脐孔收缩良好。剔除病残、弱雏。

将选好的鸡雏及时地运回育雏舍。在运输途中要经常检查，不受强冷风刺激，以防发生感冒，也要防压死和闷死现象，以免造成损失（见图 7-5）。

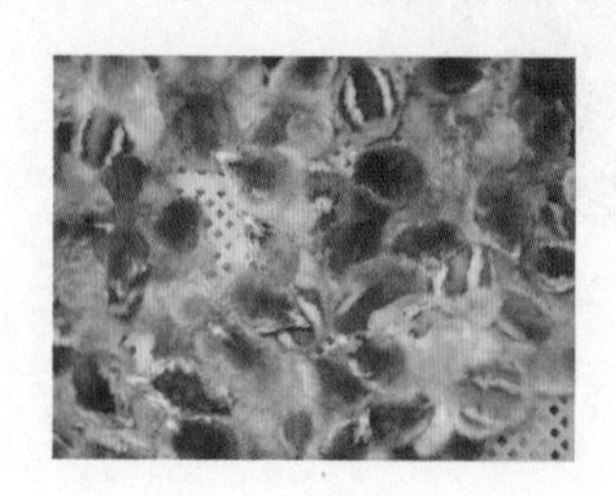

（a）健雏

（b）运雏

图 7-5　选雏、运雏

（四）雏鸡的饲养

1. 雏鸡的生理特点

雏鸡体温调节机能弱。雏鸡既怕冷，又怕热，故要控制适宜的育雏温度，通常要加热供温。雏鸡胃肠容积小，消化能力差，生长发育快，因此要求给予高蛋白质、低粗纤维、易消化、营养全面而平衡的日粮，通常使用雏鸡全价饲料。雏鸡抗病能力差，易感染鸡白痢、新城疫、法氏囊病、慢性呼吸道病等，因此，要严格控制环境卫生，切实做好防疫隔离，加强免疫。

2. 饲喂技术

（1）初饮。雏鸡到达后，先饮水，后开食，有利于卵黄的吸收、胎粪的排出和雏鸡体力的恢复。初饮水温 18 °C，水中加 5% 的葡萄糖和维生素。可逐只按住小鸡的头，把小鸡的嘴在水里浸一下，教其饮水，让每只小鸡都饮到水。每 50 只鸡 1 个饮水器，并要每天清洗和消毒（见图 7-6）。

图 7-6　初饮

（2）喂料。当小鸡初饮 2 ~ 3 h 后即可开食，将小鸡全价料拌湿后撒在开食盘或干净塑料纸、报纸上，也可用小米、碎玉米开食，可防止营养性腹泻，1 000 只雏鸡每次喂 1.5 ~ 2 斤。喂料时，应做到少喂勤喂，促进鸡的食欲，一般 1 ~ 2 周每天喂 5 ~ 6 次，3 ~ 4 周每天喂 4 ~ 5 次，5 周以后每天喂 3 ~ 4 次。3 天后改用料桶，每 50 只鸡一个料桶（见图 7-7）。

育雏期自配饲料配方：玉米 63%、小麦麸 7%、豆饼或豆粕 24.7%、进口鱼粉 2%、磷酸氢钙 1%、石粉 1.5%、蛋氨酸 0.05%、赖氨酸 0.01%、预混料 0.5%、食盐 0.3%。

（a）拌湿料报纸上开食

（b）开食盘开食

（c）料桶喂料

图 7-7　喂料

（五）雏鸡的管理

1. 雏鸡的环境控制

（1）温度。温度是育雏成败的关键之一。温度适宜，有利于雏鸡运动、采食和饮水、体内剩余卵黄的吸收等生理过程，生长发育好。温度过高，采食量下降，饮水增加，容易出现拉稀，弱雏增多，并易诱发呼吸道病。温度过低，雏鸡运动减少，影响增重，还可能诱发白痢病。雏鸡看鸡施温方法如图 7-8 所示。每周平稳下降 2 ~ 3 °C，至室温 18 °C 时脱温（见表 7-1）。

表 7-1　育雏期适宜的温度（°C）

周　龄	1	2	3	4	5	6
适宜温度	35 ~ 32	32 ~ 29	29 ~ 27	27 ~ 24	24 ~ 21	21 ~ 18

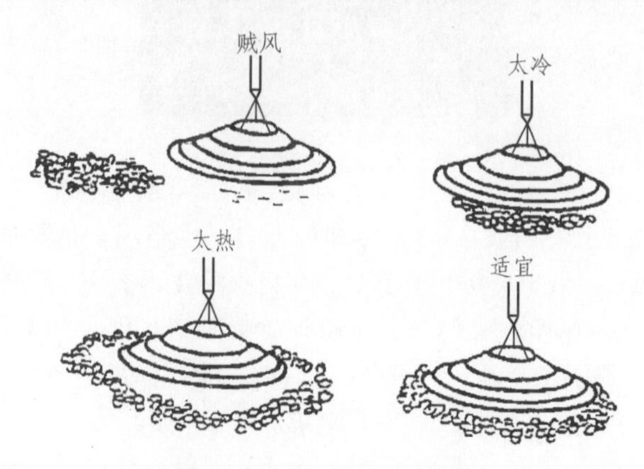

图 7-8　看鸡施温示意图

（2）湿度。第一周湿度控制在 60% ~ 70%（见图 7-9），可以缓解雏鸡高温失水。随着雏鸡日龄增加，鸡的饮水量、采食量、排粪量相应增加，空气湿度增大，相对湿度应控制在 50% ~ 60%。至 14 ~ 60 d 是球虫病易发期，应保持舍内干燥，防止球虫病发生。

图 7-9　干湿温度计

（3）通风。如果育雏室通风不良，氨气浓度大，易发生鸡呼吸道疾病，饲料报酬降低，死亡率增加，尤其是在冬季。应定时清粪，换垫草，适当减小饲养密度。鸡舍空气以人进入不刺鼻和眼，不闷人，无过分臭味为宜。

（4）光照。光照会影响雏鸡采食、饮水、运动、健康及性成熟。出壳后前 3 天光照强度大一些，让鸡尽快适应环境，第 4 天以后傍晚时延迟开灯，逐日减少光照时间。雏鸡的光照原则是光照时间只能减少，不能增加，以免鸡性成熟过早（见表 7-2）。

表 7-2　雏鸡光照方案

周　龄	光照时间/h	光照强度/（W/m^2）
1～2 天	24	6～8
2～7 天	23	4～6
2 周至结束	白天自然光照，晚上喂料开灯，采食后熄灯	2

（5）密度。饲养密度过大，舍内的有害气体增加，空气和垫料潮湿，雏鸡生长发育不良，整齐度差，还易啄癖。合适的饲养密度见表 7-3 和如图 7-10 所示。

表 7-3　不同育雏方式饲养密度　　单位：只/m^2

周　龄	平养（地面或网上）	笼养
1～2	25～30	40～50
3～4	20～25	30～40
5～6	15～20	25～30

（a）密度适宜

（b）密度过大

图 7-10　饲养密度

2. 雏鸡保健

（1）严格消毒。搞好环境卫生和用具的消毒，定期用百毒杀、新洁尔灭作带鸡消毒，用漂白粉作饮水消毒，育雏室门前设消毒池，内放 2% 氢氧化钠溶液。每饲养一批鸡后，育雏室应彻底打扫、清洗和消毒。饲养人员进入育雏室应更衣、换鞋，谢绝外人进入育雏室。

（2）预防投药。在鸡群未发病前，定期在饲料或饮水中添加适量药物，可达到预防疾病发生的目的。如进鸡后 2～7 天饲料或饮水中加入抗生素预防沙门氏菌、大肠杆菌，第三周在饲料中加入抗球虫药物预防鸡球虫。

（3）免疫接种。按照免疫程序，雏鸡应接种鸡马立克氏病、新城疫、禽流感、传染性法氏囊炎、传染性支气管炎、鸡痘等疫苗。免疫方法（见图 7-11）和参考免疫程序见第九章。

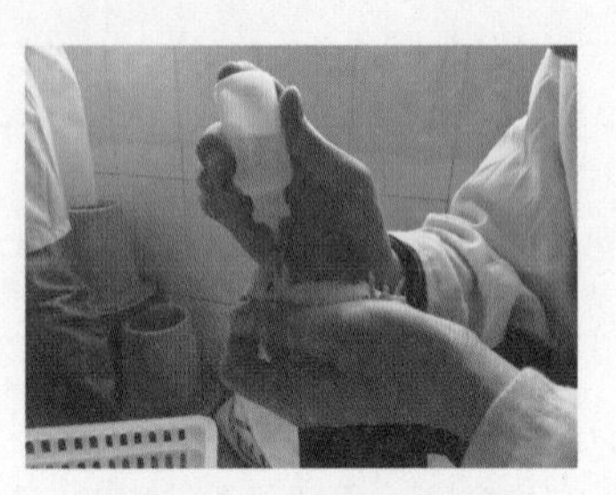

图 7-11　滴口免疫

3. 日常管理

（1）观察鸡群。每天观察鸡群行为、采食饮水、精神状况及粪便情况，只有了解雏鸡的一切变化情况后，才能及时分析起因，采取对应的措施，改善管理，以便提高育雏成活率，减少损失（见图 7-12）。

图 7-12　仔细观察

（2）称重和分群。每周末随机抽测 5%（50～100 只）的雏鸡体重，测量胫长，及时掌握雏鸡发育情况，并按雏鸡体重大小和强弱合理分群（见图 7-13）。

（a）称体重

（b）测胫长

图 7-13　监测生长发育

（3）适时断喙。为防止鸡群啄肛，7 ~ 10 日龄可断喙。当断喙器刀片暗红色（约 700 °C）时，左手握住雏鸡，右手拇指与食指轻轻按住雏鸡咽喉，将喙插入断喙器刀孔，断去雏鸡的喙尖，到鸡放养结束时，喙已完全长出，不影响外观（见图 7-14）。

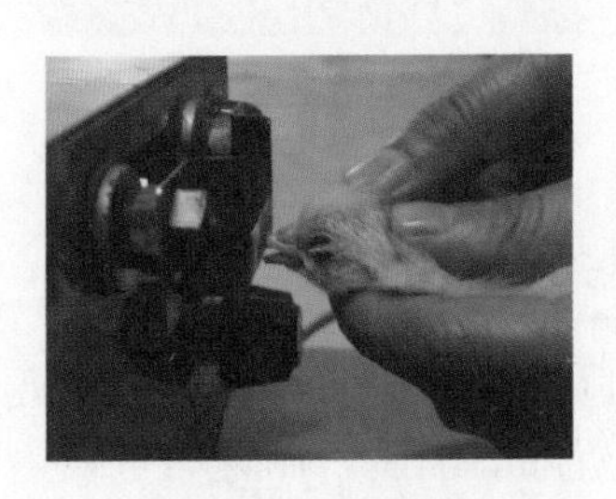

图 7-14 断喙

（4）除粪。每隔 2 ~ 3 天除 1 次粪，保持育雏舍良好空气环境。

（5）日常记录。记录温度、湿度、光照时数、鸡群变动、饲料消耗、饮水量、免疫接种、投药和体重。

二、育成鸡的放养技术

雏鸡脱温后开始放养，一般放养期 70 ~ 100 d。

（一）放养方式

生态鸡育成育肥期以放养方式为主，指鸡白天在山林、果园、荒坡等适宜的放养场地自由觅食虫草，晚归鸡舍，适时补喂饲料来满足营养需求的生产方式。

（二）放养季节

雏鸡脱温后，最佳放养季节为春末、夏初。放养日龄一般夏季 30 日龄，春秋季 30 ~ 40 日龄，冬季 40 ~ 50 日龄。从育雏舍转往放养棚舍的时间最好选择在晴天早晨。放养开始几天对鸡群状况要加强观察。

图 7-15　早春放养

（三）放养场地的选择

放养场地应选择地势高燥、避风向阳、环境安静、水源方便、无污染、无兽害的环境，场地四周设置隔离围网，场地内可设沙坑。

（四）棚舍的搭建

放养棚舍要求挡风、避雨、遮阳、防寒，以简易、经济为原则。按 15～25 只/m^2 搭建棚舍，棚舍内地面平整，铺垫料，放置好料桶、饮水器，安装好照明灯，设置栖息架，室内喷雾消毒。棚舍外应设排水沟，在棚舍内和周围放置足够数量的饮水器及料桶。如果舍内地面采用生物发酵床来养鸡，空气质量更好，减少臭味（见图 7-16）。

图 7-16　简易棚舍

（五）放养前、后的训练

放养前 1 周，逐步打开窗户，直至全部开窗，以适应舍外气候条件，同时在育雏料中放一些青草让鸡吃，让鸡学会自由采食野生青绿饲料。雏鸡放养头 3～4 d，白天驱放到运动场上进行饲喂，在饲喂时要用固定的唤叫声，边唤边喂，培养鸡雏的条件反射功能。在鸡群回运动场时也采取边唤叫边给料或水的方式，让鸡群回巢，形成固定时间回舍的习惯。

（六）刚脱温雏鸡的放养

为防应激，可在饲料或饮水中加入维生素 C 或复合维生素等。最初几天，每天放养 2～4 h，以后逐渐延长放养时间。初进林地时要用尼龙网将鸡限制在小范围内，以后逐步扩大。料槽和饮水器放在距鸡舍约 1 m 处，使其熟悉环境，仍按正常育雏方式饲喂，以后可逐渐减少饲喂次数。天气晴好时，清晨将鸡群放出鸡舍，傍晚将鸡群赶回舍内（见图 7-17）。

（a）熟悉环境

（b）多维饮水

图 7-17 放养初期

（七）依天气状况放养

下小雨时，果园、山林有高大果树遮雨，而且鸡的羽毛已经丰满时，可以将鸡舍门打开，任其自由进出活动。若树木尚小，没法避雨，则不宜将鸡放出。气候突变，应及时将鸡唤回（见图 7-18）。

图 7-18 鸡群自由进出

（八）放养密度

放养密度以每亩 100～200 只为宜，饲养密度过大，容易发生啄肛、啄羽和打斗。每群控制在 300～500 只为宜，可以有针对性地饲养和管理，也有利于疾病的控制（见图 7-19）。

图 7-19　适宜放养密度

（九）补　饲

早出晚归是鸡的生活习性，让鸡白天采食林果地内的青草、草籽、虫、蚯蚓等天然食物，早、晚补饲，早上少喂（六成饱），晚上喂饱，每只鸡补料量约 50 g。秋冬季青草较少，适当增加补饲量，春、夏季节则可适当减少补饲量。阴雨天鸡不能外出觅食，需要及时给料（见图 7-20）。夏秋季节可在鸡舍前安装灯泡引诱虫，让鸡采食。

（a）白天自由饮水

（b）晚上归巢补饲

（c）早上补饲

图 7-20　补饲

补饲料的蛋白质水平不需要很高，可用全价饲料搭配稻谷、米糠、红薯、玉米、瓜果类补饲。也可投喂农副产品、五谷原粮及土杂粮，适当补加食盐和微量元素。放养鸡最好不喂动物性饲料，以免影响肉品和蛋品质量。补饲料比例：谷类 55% ~ 65%，植物豆类 15% ~ 25%，糠麸类 5% ~ 10%，食盐 0.3%，微量元素按使用说明添加。

购买饲料时，要选择产品质量稳定、信誉好的饲料厂家生产的饲料，应注意 5 个方面：一是查看标签，根据鸡龄大小选择购买小鸡、中鸡、大鸡饲料；二是查看生产日期和保质期，不能购买过期饲料；三是检查饲料包装是否破损，否则饲料易吸收水分变质霉烂；四是一次进料不能太多，否则存放时间过久，易变质，以 10 ~ 20 d 饲料量为好；五是不能随便更换饲料厂家，不同厂家的饲料配方和原料有差异，频繁更换饲料可导致鸡的消化系统紊乱，不利于鸡群的健康生长。

（十）供 水

尽管鸡在野外可以采食大量的青绿饲料，但是水的供应是必不可少的，尤其是在植被状况不好、风吹日晒严重的牧地和高温季节，更应重视水的供应。在鸡活动的范围内，每 80 ~ 100 只配 1 个水盆或饮水器，内放清洁充足的饮水，放于固定的地方，可以减少饮水污染。农村地区缺乏自来水，可自备小型饮水系统，即打一口深井，用塑料桶作为贮水罐，利用负压原理，将水输送到饮水管或饮水器（见图 7-21）。

（a）贮水罐

（b）自动饮水器

图 7-21 自备小型饮水系统

（十一）防止公鸡打斗

公鸡性成熟后，容易发生打斗现象，啄伤流血，影响产品质量，增加淘汰率，也影响产品的销售。解决办法，一是断喙，二是给公鸡戴眼镜，可以有效防止打斗（见图 7-22）。

图 7-22 公鸡戴眼镜

（十二）种植牧草

在各种放养场地中均人工种植牧草，以增加场地内青绿饲料的数量，可减少精料的投入，降低养殖成本，提高生态养鸡的经济效益。应种植营养价值高、适口性好、耐牧耐阴性好的优质牧草，如黑麦草、紫花苜蓿、白三叶、鸭茅、菊苣、苦荬菜等，将采集到的牧草直接投放给鸡，让其自由采食，或用刀切碎后投放到料槽里饲喂，浪费较少。要在鸡群开始放养前播种，使牧草有一定的生长期（见图 7-23）。

图 7-23　种植黑麦草

（十三）养殖鲜活虫

蚯蚓、蝇、蛆、面包虫是高蛋白的优质饲料，且养殖成本低，生长快，繁殖率高。为使放养鸡肉质鲜美、生长快、节约成本，可在养殖区内人工养殖昆虫喂鸡。目前采取的方法主要是粪草育虫法，具体做法是：挖深 0.6 m、直径 1 m 的圆形土坑，将稻草或野杂草切成 6 ~ 7 cm 长短节，与牛粪或充分发酵后的鸡粪混合后，倒入坑内，浇一盆淘米水后上面盖上 5 ~ 10 cm 厚的污泥，约 15 d 即可生虫。翻开污泥让鸡吃完虫后可继续使用此法再生虫（见图 7-24）。

（a）鸡采食蚯蚓

（b）养殖蚯蚓

图 7-24　蚯蚓喂鸡

（十四）分区轮牧

将林地、果园等放养场地化分成 2～3 个小区，轮放养鸡，这样有利于嫩草的生长和昆虫的繁殖，从而保证鸡群的自然食料。在放牧区内要为鸡备足饮用水。

（十五）勤观察

经常巡视，观察鸡群状况，早诊断，早治疗。从以下几方面观察鸡群。

1. 精神状态

健康鸡活动正常，精神良好，反应灵敏，叫声洪亮，食欲旺。病鸡则精神萎靡，行动缓慢，缩颈闭眼，反应迟钝，双翅下垂，食欲差，叫声低沉，鸡冠发白或发紫，离群呆立（见图 7-25）。

（a）健康鸡

（b）鸡痘

图 7-25 观察精神状态

2. 羽毛状态

正常鸡群羽毛洁净整齐，毛片完整，有光泽，平滑，紧贴于体表。病鸡则羽毛蓬乱，无光或脱毛，患体外寄生虫时，鸡会自啄羽毛（见图 7-26）。

（a）健康鸡

（b）病鸡

图 7-26 观察羽毛

3. 饮　水

饮水激增，预示着热应激、球虫病早期、料中食盐过多。饮水明显减少，预示着低温或药物异味等（见图 7-27）。

图 7-27　饮水正常

4. 粪　便

正常粪便似条状，成堆形，不黏稠，黄褐色，表面有白色尿酸盐沉着，多喂青饲料时粪便呈绿色。若排出黄白色、黄绿色并附着黏液、血液的恶臭稀粪，多见于新城疫、霍乱、伤寒等急性传染病；排出白色糊状或石灰样稀粪，多见于鸡白痢、传染性法氏囊炎等；排出棕红色、褐色甚至血便，多见于鸡的球虫病等（见图 7-28）。

（a）血粪

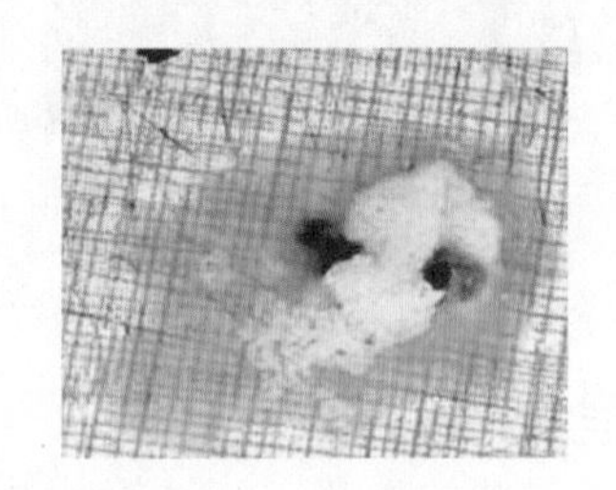

（b）白色稀便

图 7-28　粪便异常

5. 运动障碍

神经系统的任何损伤，都会使神经体液的调节发生障碍，同时出现异常的运动形式，不同部位的神经组织发生改变，表现的神经症状也不同（见图 7-29）。

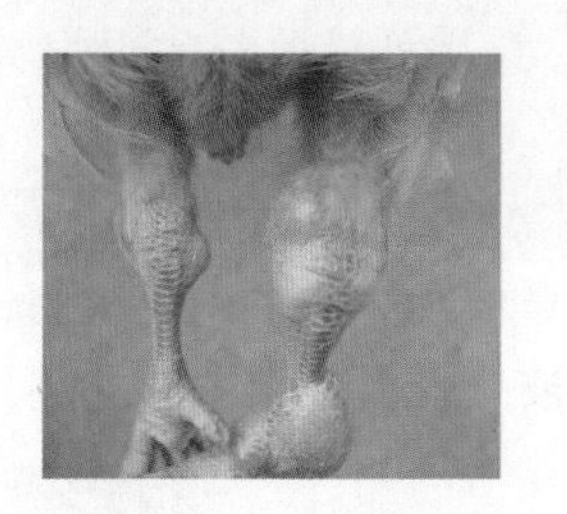

（a）爪卷曲　　（b）关节肿大

图 7-29　运动障碍

6. 呼吸状态

正常的鸡呼吸平稳自然，没有特殊的动作。鸡咳嗽、打喷嚏、甩头、张口呼吸，是鼻腔、气管内分泌物较多或有异物堵塞的特征，见于鸡新城疫、传染性支气管炎、传染性喉气管炎、传染性鼻炎等（见图 7-30）。

7. 啄　癖

鸡只之间互啄或自啄，常见啄肛、啄羽、啄脚、啄头、啄蛋等。常见原因有饲养密度过大，光照强，营养物质缺乏，皮肤外伤，脱肛等（见图 7-31）。

图 7-30　呼吸困难

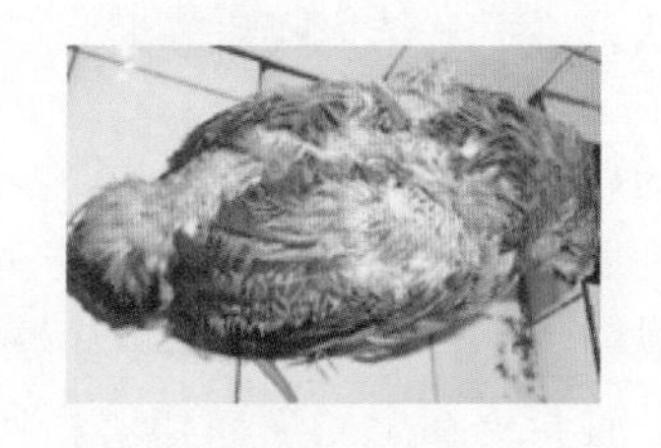

图 7-31　啄羽

（十六）鸡场卫生管理

1. 环境卫生

鸡场四周不可有污水、垃圾堆、粪堆等；猫和老鼠不能进入鸡舍和饲料存放处；鸡舍消毒，保持清洁和通风。

2. 饲料卫生

饲料配制合理，营养水平达标准，贮存时防止受潮、变霉。饲料保存期越短越好。要注意从外面收割的青饲料有无喷洒过农药，变质的饲料也不能投喂。

3. 饮水卫生

使用自来水或深井水供鸡饮用，并用百度杀或漂白粉作饮水消毒。池塘水、河流水容易被鸡粪污染，不要让鸡饮用（见图 7-32）。

图 7-32　干净饮水

（十七）防中毒

鸡对农药特别敏感，果园防治病虫害时应使用低毒农药，鸡群应停止放养 3～5 天，待农药毒性消失过后再进行放养，以防农药中毒。

（十八）防止传染病

放养场地不准外人和其他鸡只进入，以防带入传染病。同时要好防止蛇、兽、大鸟等危害。对球虫病要严加防范，每月驱虫一次。防治疾病时尽可能不用人工合成药物，多用中药及采取生物防治，以减少和控制鸡肉中的药物残留，便于上市。放养鸡在中后期要作鸡新城疫疫苗加强免疫，以饮水免疫为主，在晚上鸡群归舍后进行。

（十九）诱　虫

1. 黑光灯灯泡诱虫

昆虫具有趋光性，生产中常用此法。将黑光灯吊在离地面 1.5～2 m 高的地方，每隔 200～300 m 安装 1 盏，傍晚开灯，昆虫飞向黑光灯，碰到灯即撞昏落到地面被鸡直接采食。黑光灯的周围不要使用其他强光灯具，以免影响效果（见图 7-33）。

图 7-33　黑光灯诱虫

2. 高压电弧灭虫灯诱虫

高压电弧灯一般为 500 W，将其悬吊在放牧地上，每天傍晚开灯，高压电弧灯发出的光线极强，可吸引周围 2 000 m 以内的昆虫，夏季一盏灯每天晚上开启 4 h，每天可减少 1 500 只鸡 30% 的补饲量。

3. 性激素诱虫法

多用于农田和果园的诱虫。常用激素有诱虫烯、诱蝇醚、诱蝇酮等，每亩放置 1 ~ 2 个性激素诱虫盒，30 ~ 40 d 更换 1 次。

（二十）出栏前短期育肥

商品肉鸡上市前 10 ~ 15 d 进行短期育肥，可以增加屠体的脂肪沉积，提高肉质的嫩滑度和特殊香味，明显提高肥育效果和饲料转化率。育肥饲料以能量饲料为主，粗蛋白质含量不超过 14%，可添加 2% 脂肪，使鸡的羽毛更有光泽。采取限制散养鸡活动范围或笼养育肥均可（见图 7-34）。

图 7-34　笼养育肥

（二十一）改善鸡肉品质

在青饲料中可添加 5% 的食用醋或大蒜，不仅可以防治某些疾病，还可以增加鸡肉的香味。

（二十二）评价肉鸡的饲养效率

包括上市活重、成活率和耗料比 3 个最重要的指标。计算方法如下：

$$上市活重(kg)=\frac{随机抽测总活重(kg)}{随机抽测肉鸡数}$$

$$成活率(\%)=\frac{上市日龄成活的肉鸡数}{饲养开始入舍雏鸡数}\times 100\%$$

$$料肉比=\frac{饲养全程耗料量(kg)}{肉鸡总活重(kg)}$$

三、产蛋鸡的放养技术

公鸡放养到 2 000 g 左右即可上市销售，母鸡则继续饲养。对于饲养管理良好的高产母鸡，20 周龄进入产蛋期，母鸡由见蛋到开产 50% 需 20 d 左右，再经 3 周时间达到产蛋高峰，高峰期维持半年以上，然后缓慢下降。一般地方鸡种 140 d 开产，产蛋高峰期和产蛋量较蛋鸡品种略低。

（一）产蛋前期的饲养管理（21 ~ 24 周龄）

1. 产蛋鸡舍

鸡舍是晚上蛋鸡休息和白天产蛋的场所。需要设置专门的鸡舍，尽量做到通风向阳。鸡舍面积要适当。

2. 产蛋箱设置和管理

在鸡开产前 2 周准备好产蛋箱。鸡喜欢在安静、黑暗的地方产蛋，所以产蛋箱要放在较为僻静的地方。高产蛋鸡的产蛋时间一般比较集中，产蛋箱如果不够，鸡就会到处下蛋。每 4 只鸡配 1 个产蛋箱，诱使鸡在产蛋箱内产蛋，并让其养成习惯。可以做成双层产蛋箱，也可以用砖沿山墙两侧砌成 35 cm^3 的格状，窝中铺上干净麦秸或稻草，勤换勤添。及时收集产蛋箱内的鸡蛋，晚上关闭产蛋箱，避免母鸡在内过夜。脏鸡蛋用干净的软布擦干净，不可水洗。如果光线太亮，产蛋箱要用黑布遮阳避光（见图 7-35）。

（a）放养鸡舍产蛋箱

（b）母鸡在窝内产蛋

图 7-35　母鸡产蛋箱内产蛋

3. 运动场

运动场是鸡获取自然食物的场所，应有茂盛的果木、树林或花卉，也可人工种植树木和牧草，草供鸡只采食，树木供鸡只在炎热的夏季遮阴。母鸡还可通过沙浴降温。在围栏区内选择地势高燥的地方搭设数个避雨棚，以防突然而来的雷雨（见图 7-36）。

（a）母鸡树下遮阴

（b）母鸡沙浴

图 7-36　鸡在运动场休息

4. 补　光

光照的作用是刺激鸡的性腺发育，维持正常排卵，以及进行采食、饮水、交流等各种活动。一般产蛋高峰期每天光照时间需维持 16 h，当每天的自然光照时间不足 16 h，就需要每天补充人工光照。放养鸡采取晚上补光比较好，在傍晚将散养鸡用口哨叫回鸡舍，进行补料和光照诱虫，同时补光，直到每天的光照时间达到 16 h 为止。光照时间一经固定下来，就不要轻易改变。面积 16 m^2 的鸡舍安装一个 40 W 的灯泡可以满足需要。

5. 补　料

产蛋开始前2周把饲料换成产蛋初期日粮，使鸡群有充足的时间储备能量、蛋白质和钙质。放养鸡的活动量大，消耗的营养较多，而获取的营养较少，因而产蛋率较笼养鸡低 5%~10%。为了获得较高的产蛋率，放养蛋鸡开产后要提供充足的饲料，一般每天补饲两次，产蛋初期每只鸡日补料 50~55 g，产蛋高峰期日补料 90 g 为宜。早晨开始开灯补光时加料 1 次，补充 1/3 料量，晚上鸡回来后再补饲 1 次，补充 2/3 料量，不足的让鸡只在环境中去采食虫草弥补。蛋鸡采食不足，影响卵泡发育，产蛋后体重下降，导致后期产蛋率低。

用玉米、麦麸、豆饼、骨粉、食盐、贝壳以及由氨基酸、微量元素和维生素按比例组成的配合饲料进行补饲，既可满足其体重发育和产蛋需求，又可避免发生营养缺乏症，如啄羽、瘫腿等。

在散养鸡舍内或鸡舍外设置料桶，1 个直径 40 cm 的料桶可供 20 只鸡同时采食。料桶用绳子或铁丝吊起来，防止鸡晚上到上面栖息（见图 7-37）。

（a）补水

（b）补料

图 7-37　补饲

6. 补　水

每天给鸡只定时饮水 3~4 次。防止水溢出污染舍内环境。每天刷洗水槽，让鸡只饮到清洁卫生的水（见图 7-37）。

7. 减少窝外蛋

窝外蛋很不好收集（见图 7-38）。应提前 2 周摆放好产蛋窝，以满足母鸡“寻找产蛋处”的心理，从而达到引诱母鸡的效果。产蛋窝摆放在通风良好、光线较暗的地方，避免放在较冷、有贼风或光线较强的地方，离地面应尽量高一些。可在窝内放置假蛋以吸引母鸡进入产蛋窝，或将寻找产蛋地点的母鸡放进产蛋箱内。窝内的垫料应每天添加或更换，保证干净干燥。

图 7-38　窝外蛋

（二）产蛋高峰期的饲养管理（25～50 周龄）

1. 提供优质饲料

此期是母鸡代谢最旺盛、效益转化最高的时期，如果母鸡只喂稻谷、玉米，土壤中矿物质含量少，就会缺乏蛋白质、钙和磷，不能满足需求，产蛋率仅能达到正常产蛋的 30%，且蛋重比正常营养供应鸡的蛋轻 30%～50%，因此，应按产蛋鸡饲养标准供给营养，即将产蛋初期饲料更换为产蛋高峰期料，保证日粮营养全价，同时要供给鸡只充足的清洁饮水。青饲料用量一般占日饲料的 20%～30%，没有青饲料的季节，配合饲料中应添加禽用维生素。放养蛋鸡不使用鱼粉，适量加入少量蝇蛆、黄粉虫、蚯蚓，可以改善日粮的营养价值，提高产蛋水平，还能使蛋黄颜色变深，无腥臭味，更能卖高价。

2. 创造稳定的产蛋环境

夏季防暑降温，尽量让鸡在早晚凉爽时间活动或补饲，冬季保温保暖，白天温度较高时放养。切忌各种应激，不要随意投药和免疫，定时开关灯，定时补料，定时拣蛋，避免惊吓鸡群，防止野兽、飞禽的出现（见图 7-39）。

（a）舍内环境

（b）舍外环境

图 7-39　稳定的环境

3. 保证光照时间

蛋鸡到秋后产蛋减少，冬天不下蛋，就是由于夏至后光照时间变短的原因。因此要保证长期恒定下蛋，应保证每天 16 h 恒定的光照时间，每天早晨开灯，白天天亮后关灯，天黑前开灯，晚上关灯，一般是每平方米 1～2 W，灯泡在鸡舍要分布均匀，以人能看清鸡舍各个位置地面上的字为准。

4. 拣　蛋

大多数鸡在上午产蛋，在产蛋高峰期上午集蛋 3 次，下午集蛋 1 次，将脏蛋、畸形蛋单独放置（见图 7-40）。每天晚上关闭产蛋箱，防止鸡在内过夜，第二天早上开始光照后，及时将产蛋箱打开，这样可以降低鸡蛋破损率和鸡蛋的污染。对于轻微污染的脏蛋，不要用湿毛巾擦洗，以免破坏鸡蛋表面的保护膜，这样鸡蛋更不易保存。正确的处理方法是用细砂布将污物轻轻刮掉，并用 0.1% 百毒杀进行消毒处理。一旦发现就巢母鸡在产蛋窝内，将其放在凉爽明亮的地方，多喂青绿饲料，让鸡离巢。

（a）干净鸡蛋

（b）干软布擦拭脏蛋

图 7-40　拣蛋

5. 疫病防治

养重于防、防重于治。放养鸡病防治重点是鸡新城疫、禽流感、传染性支气管炎、鸡痘和球虫病。平时做好消毒工作，每周饮水消毒 1～2 次、带鸡消毒 1～2 次，可以有效地防止细菌、病毒性疾病的传播。搞好疫苗接种可以预防多种传染病的发生，免疫抗体水平监测是衡量免疫效果最有效的办法。鸡群免疫后出现短暂的产蛋下降是正常的应激反应，很快便会恢复。使用无残留的药物预防疾病，如中草药和微生态制剂等。注意预防季节性疾病，如天气剧烈变化时应预防传染性支气管炎，冬季预防禽流感，夏季预防好鸡痘，定期驱虫。采用“全进全出”的饲养模式，一批鸡全部售出，对鸡舍和空地进行彻底消毒，空一段时间再进鸡，可以防止病原微生物的长期存在。

（三）产蛋后期的饲养管理（51～72 周龄）

1. 调整饲料营养水平

此期产蛋率呈下降趋势，蛋壳变薄，需要更换为产蛋末期饲料，以降低成本。避免母鸡采食量过低造成的失重，维持蛋鸡的体重和蛋重，尽可能延缓产蛋高峰下降的速度。

2. 淘汰低产和停产母鸡

外貌鉴别：高产鸡冠和肉垂丰满、鲜红，有温暖感，肛门大而扁、湿润。低产鸡或停产鸡鸡冠萎缩，颜色苍白，无温暖感，肛门小而圆、干燥。

体貌特征鉴别：高产鸡外形发育良好，体质健壮，头宽深而短，喙短粗微弯曲，结实有力。低产鸡一般头部窄而长，似乌鸦头，喙细长，眼睛凹下，身体狭窄，腹部紧缩。同时，高产鸡开始换羽时间较晚，而低产鸡换羽时间较早。

手指触摸估测：高产鸡腹大柔软，皮肤松弛，耻骨与胸骨末端之间可容下一掌，耻骨间距大，可容 3～4 指。低产鸡或停产鸡腹部紧缩，小而硬，胸骨末端与耻骨距离容 2～3 指，两个耻骨间距小，仅容 1～2 指（见图 7-41）。

（a）手指触摸估测

（b）判断腹部容积大小

图 7-41 触摸腹部容积

3. 就巢性催醒

就巢俗称抱窝。当发现鸡群中有就巢行为的鸡时，要及时将其捉出，单独放在群外。通过两种办法使其催醒，一是注射激素（如肌注丙酸睾丸素）或口投服药（安乃近、速效感冒胶囊），二是突然改变环境条件（水浸、剪毛、清凉降温等），给予全新的强烈刺激。

4. 强制换羽

换羽是鸡的正常生理现象。自然条件下，母鸡每年秋季换羽，从开始到换羽结束，约需 16 周，换羽时间长，母鸡停产，管理困难。进入产蛋后期，当产蛋率下降、蛋价行情不好、或为降低引种和培育成本时，可以人工强制换羽，以缩短自然换羽的时间，延长产蛋鸡的利用年限，改善蛋壳质量。

（1）畜牧学法。通过断水、断料、减少光照等人为应激因素，使鸡体内激素分泌失去平衡，促使卵泡萎缩，引发停产与换羽。母鸡生殖器官经过一段时间休息，积累营养，重新开产。

具体做法为：准备换羽前 1 周，淘汰病弱鸡、低产鸡和换羽鸡，接种疫苗。换羽开始后，同时停水停料两天（夏天高温停水一天），第三天开始恢复供水。断料天数在 7 ~ 12 天，当有 80% 的鸡体重下降了 25% ~ 30% 时，可以恢复供料。开始 1 ~ 3 天，每天每只仅喂 10 g 料，第 4 天和第 5 天每天每只喂 20 g 料，以后每天增加 15 g 料，一直恢复到正常采食为止。开始喂育成鸡料，当鸡产蛋后，换为产蛋料。光照也同时改变，停水停料第 1 天光照 16 h，第 2 天光照 14 h，第 3 ~ 39 天每天光照 8 h，第 40 天开始，每天增加光照 20 min，直至每天光照 16 h 为止。

（2）化学法。在母鸡日粮中加入高锌，使鸡的新陈代谢紊乱，内部功能失调，母鸡停产换羽。具体做法为：日粮中加 2% 的氧化锌或硫酸锌，让鸡采食，母鸡第 2 天采食量下降一半，1 周后下降为正常采食量的 20%，体重也迅速下降，第 6 天体重下降了 30%，从第 8 天开始，喂给普通日粮。此法不停料不停水，开放式鸡舍可以停止补光。

（四）提高鸡蛋品质和产量

1. 蛋壳厚度

当饲料缺钙、磷时，会出现软壳蛋、薄壳蛋，应及时补充贝壳粉、石灰石粉、骨粉，或维生素 AD 粉等。要保证产蛋鸡日粮中含钙 3.3% ~ 3.5%，总磷 0.6%，钙磷比例为 4∶1 ~ 6∶1（见图 7-42）。

图 7-42　软壳、破壳蛋

2. 提高蛋黄颜色

在饲料中添加一些天然物质，可以显著提高蛋黄颜色，如添加 2%～5% 橘子皮粉、5%～10% 三叶草、2%～6% 海藻、3%～5% 松针叶粉、20% 胡萝卜、0.3%～0.6% 红辣椒粉、5% 聚合草、8%～10% 苋菜、10% 南瓜以及万寿菊（见图 7-43）。

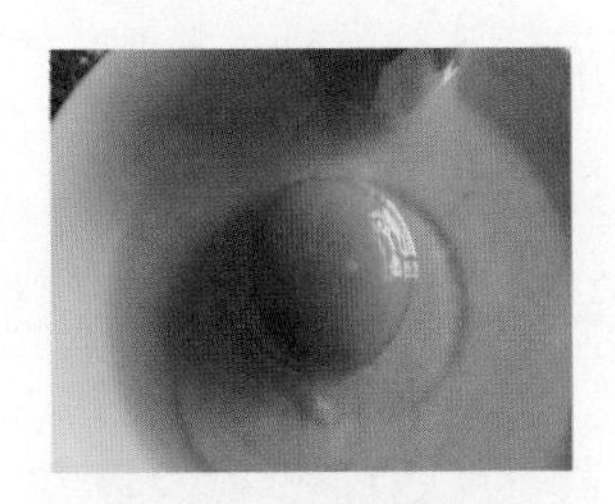

图 7-43 蛋黄浓艳

3. 改善鸡蛋风味

鱼粉、菜籽饼和胆碱使鸡蛋产生腥味，产蛋期不宜使用。

4. 中草药提高产蛋率

中药不仅对激素的分泌具有调节作用，一些中药还含有与激素的结构类似的生物活性物质，具有某些激素样作用，添加在蛋鸡饲料中，可以增强蛋鸡的生殖功能和抗病力，加快卵泡的发育和成熟，提高蛋鸡的产蛋率。如黄芪能提高机体免疫力，山楂、麦芽提高消化吸收能力，益母草、当归、淫羊藿等补血，兴奋子宫，促进排卵。

四、不同季节的放养技术

（一）春　季

春季风沙大，地气上升，湿度大，昼夜温差大，有害病菌繁衍旺盛，鸡群容易感染疾病。

（1）注意天气变化。春季气温变暖，温度渐渐升高，光照时间也渐渐变长，是育雏和鸡产蛋的好季节。应注意天气的变化，防止由于气候突变造成生产性能下降和诱发疾病。

（2）注意防寒保暖。早春鸡抵抗力下降，可采取适当增加饲养密度、关闭门窗、加挂草帘、饮用温水等措施保温。但要处理好通风与保暖的关系，及时清除鸡舍内的粪便，在中午天气晴好时要及时开窗通风，确保舍内空气清新，防止污浊空气诱发鸡的呼吸道疾病。

（3）防疫。早春气温较低，一旦条件适宜细菌即可大量繁殖，危害鸡群健康。常用饮水消毒，即在饮水中按比例加入消毒剂（如百毒杀、次氯酸钠等），每周进行一次即可。鸡舍内地面则可使用白石灰、强力消毒灵进行喷洒消毒，每周1~2次。定期进行预防接种，投喂一些预防性药物，以提高鸡体的抵抗力。

（4）保证营养。春天青草不能保证需要，放养鸡可适当补充青绿饲料，忌喂发霉变质的饲料，产蛋鸡饲料中应补充能量和维生素、微量元素，提高产蛋率（见图7-44）。

图7-44　鸡采食青草

（二）夏　季

夏季天气炎热，由于散养鸡皮肤紧密覆盖羽毛，没有汗腺，抵抗力降低，生长发育受到很大影响。

（1）搭棚遮阳。夏天在离鸡舍较近的活动场地上搭凉棚遮阴。凉棚大小与鸡舍相当（见图7-45）。

图7-45　搭遮阳网

（2）勤换饮水。为避免饮水被太阳晒热，应将饮水器放在阴凉处，并且经常换水，最好能让鸡饮到刚打上来的井水，以降低其体内温度。

（3）早放晚圈。夏季天一亮就把鸡放到活动场地喂第1遍食，等天黑后再圈鸡，尽量减少鸡在鸡舍里停留的时间。入伏以后也可以在凉棚下搭一些木架，让鸡在凉棚下过夜。

（4）科学饲喂。夏季日照时间长，应增加鸡的饲喂次数，少添、勤喂，以刺激散养鸡的食欲。

（5）搞好防疫和卫生。鸡舍内每天打扫 1 次，每次雨后要及时清理积水，切勿让鸡喝脏水。料槽要常清洗和消毒，放在阳光下曝晒。定期疫苗免疫和预防用药。用复合维生素、维生素 C 或小苏打饮水，可有效防止热应激，减少疾病发生。及时清理粪便，在隔离区将鸡粪堆积发酵，可杀死粪便中的病原微生物，用作有机肥料，回归农田。

（三）秋 季

秋天，野生植物籽粒饱满，昆虫长大，为野外放养鸡准备了丰富的饲料资源。但是，受前期夏季高温的影响，鸡食欲降低，体质较弱，应采取以下措施：

（1）细致观察。每天早晚补饲时，观察鸡的脸部颜色、食欲、粪便、灵活性等，对精神萎靡、吃食少甚至不吃食者、粪便异常者应隔离喂养，发现病情及时治疗，鸡体恢复正常后再放归鸡群。

（2）扩大饲料资源。农作物收获后，靠近农田围栏圈养的养殖户，可撤栏扩大放养场地，让鸡群采食农民未收净的农作物籽粒，减少饲料用量，降低养殖成本。

（3）灯光诱虫，增加营养。晚上用高压汞灯吸引昆虫进入灯下的水盆中，或在灯下张袋收集昆虫，放养鸡采食后生长快，羽毛丰满，抗病力强，产蛋多。

（4）预防疾病。早秋时节天气闷热，高温高湿，尤其是遇秋雨连绵的天气，放养要注意球虫病。秋季蚊虫多，最容易发生鸡痘，特别是皮肤型鸡痘，应注意保持环境干燥和干净。定期消毒，每天冲洗水槽、料槽，鸡舍要通风、干燥、没有异味，以防止其他传染病的发生。

（5）环境安静。要采取一切有效措施，保证养殖场环境的安静，防止轰赶、惊吓、喧闹，禁止生人进入放牧场地，防止黄鼠狼、猫、狗以及鹰类天敌的侵害，避免鸡群应激的发生。

（6）人工补光。随着秋季夜长昼短的变化，光照不足会影响产蛋率。对产蛋母鸡在归巢后要适时补充光照，自然光照加补充光照一天应 16 h 为宜。补光在天亮之前进行效果较好。

（7）适时出栏。每年中秋节之前，土鸡、土鸡蛋进入价格高峰期，将要淘汰的产蛋母鸡和育肥公鸡抓紧时机育肥，及时出售。

（四）冬　季

冬季气温寒冷，青草枯竭，光照不够，因此应采取以下措施：

（1）舍养保温。冬季应减少放养时间，多舍养，减少能量损失，特别是蛋鸡生产。可采取封闭门窗，设置挡风屏障，干草铺垫地面，提供热源等多项措施来达到保温目的。

（2）加强通风，预防呼吸道疾病。厚垫草养鸡，舍内容易潮湿，氨气也增多，易诱发眼病与呼吸道疾病，应注意通风换气，防止饮水器漏水，每隔 3 天用百毒杀等消毒剂进行消毒。

（3）增强营养供应。冬季寒冷，机体散热较多，因此要增加能量饲料的比例，同时增加补饲量，以满足放养鸡维持需要和产蛋营养需要。

（4）重视补青粗饲料。冬季野外食物减少，应补充青绿多汁饲料或干草粉，同时补充维生素添加剂，弥补产蛋鸡营养的不足，可提高蛋黄颜色，降低胆固醇（见图 7-46）。

图 7-46　补饲青菜

（6）补充光照。产蛋鸡冬季应早、晚补光，弥补光照的不足，每天光照达到 16 h，满足生产需要。

五、不同场地的放养技术

（一）果园放养技术

1. 选择放养果园

核桃、板栗等干果林最宜用作养鸡，核桃园、柿子园、枣树园、苹果园、梨园、桃和杏树园等也能作放养场，不宜选择幼龄期的林果地和树形矮小的矮化果园，如葡萄园不宜放养。苹果、桃、梨等鲜果林地在挂果期会有部分果子自然落果后腐烂，鸡吃后易引起中毒，此期不宜用来养鸡。

2. 分区轮牧

视果园大小将果园分别围成若干个小区，小区间用网隔开，每个小区搭 1 个简易鸡棚，舍内设置栖架，让鸡息宿栖架，进行逐区轮流放牧，这样有利于牧草的生长和恢复，可避免喷洒农药对鸡造成的危害。

3. 放养规模和密度

果园内可食的昆虫和杂草有限，鸡群规模和密度过大，容易造成过牧现象，鸡只周围的土地寸草不生，甚至会被鸡刨出大坑。同时饲养中需要大量补充精料，会增加养鸡成本。

4. 不要使用除草剂

除草剂会引起鸡只中毒。果园内如果没有嫩草生长，鸡就会失去绝大多数营养来源。

5. 农药喷洒

果园养鸡，病虫害发生率很少。如果需要喷洒低毒农药，在喷洒期间，采取分区轮牧，7 天后再回到喷洒小区放养。

6. 补　料

饲料投入约占果园养鸡总投入的 70%。育成期由雏鸡料逐步换成中鸡料，让鸡有 1 周的适应期。每月投喂 2 次饲料，这样可以迫使鸡自由觅食。也可投入适量瓜皮、藤蔓让鸡啄食，节省饲料，并且肉质颇佳。

7. 防疫病

要制定科学的免疫程序，并按程序做好重要传染病的预防接种工作。制定合理的驱虫程序，及时驱杀体内外寄生虫。

8. 捕虫与诱虫相结合

果园的树干较高，影响了鸡只对害虫的自然捕捉，可以将自然捕捉和人工诱虫相结合，减少果园的病虫害和农药的使用。

（二）林地放养技术

1. 选好林地

选择 2 年以上树龄，林冠较稀疏、冠层较高，树林荫蔽度在 70% 以下，透光和通气性能较好，且林地杂草和昆虫较丰富的树林较为理想。树林枝叶过于茂密、遮阴度大的林地透光效果不好，不利于鸡的生长。最好选择经环保监测符合无公害要求的林地，同时要求场地相对封闭，易于隔离，向阳、避风、干燥。

2. 清理林地

准备养鸡的前一年冬季，要对林地进行一次全面清理，清除林地及周边一定距离内的各种石块、杂物及垃圾，再用消毒液对林地及周边进行全面喷洒消毒，尽可能地将林地病原微生物数量降到最低。

3. 划分林地

3～5 亩林地划为一个饲养区，每区修建 1 个养鸡棚舍，将鸡放在不同的小区进行轮放。每区用尼龙网隔开，网眼大小以鸡不能钻过为准，这样既能防止老鼠、黄鼠狼等对鸡群的侵害和带入传染性病菌，有利于管理，又有利于食物链的建立。待一个小区草虫不足时再将鸡群赶到另一牧区放牧。每轮换一个区，立即对原饲养过鸡的区进行清理消毒，然后轮空 60 d 以上，可有效预防疾病的发生，也有利于草地休养生息。因放牧范围小，便于在气候突变时对鸡群的管理。

4. 建好棚舍

林地养鸡舍不设运动场，能遮风避雨的简易棚舍即可，以节约养殖成本。放养棚舍面积以 10～15 只/m^2 左右建造，应建在林地内避风向阳、地势高燥、排水排污、交通便利的地方，地面便于清扫，不潮湿，棚内建栖架。棚舍内外放置一定数量的料槽和饮水器。

5. 放养规模和密度

林地养鸡宜稀不宜密，每亩林地放养 50～100 只为宜，放养规模每群 1 500～2 000 只左右，采用全进全出制。饲养密度不可太大，以防止林地草场的退化和草虫等饵料不足，密度过小，浪费资源，生态效益低。

6. 放养时期

4 月初至 10 月底期间放牧，此时林地牧草茂盛，虫、蚁等昆虫繁衍旺盛，鸡群可采食到充足的生态饲料。11 月至次年 3 月则采用圈养为主、放牧为辅的饲养方式。

7. 按时补饲

为补充放养期饲料的不足，对放养鸡要适时补饲，早晚各补饲一次，按“早半饱、晚适量”的原则确定补饲量。

8. 防暴雨

每天收听天气预报，密切注意天气变化，遇到天气突变，应及时唤叫收牧，并补料，以免暴雨淋击，造成损伤。

9. 放牧训练

放养初期每天放牧 3～4 h，以后逐日增加放牧时间。为使鸡群定时归巢和方便补料，应配合训练口令，如吹口哨、敲料桶等进行归牧调教。

10. 诱　虫

夏季的晚上，可在林地悬挂一些白炽灯，以吸引更多的昆虫让鸡群捕食。

11. 防兽害

林区养鸡，野生动物较多，对鸡伤害严重。在育雏前重点注意灭鼠，放养期一旦发现鹰、野兽的活动，马上采取赶驱措施。预防老鼠可采取鼠夹法、毒饵法、灌水法、养鹅驱鼠法。鹰类是益鸟，具有灭鼠捕兔的天性，不能猎杀，可采取鸣枪放炮、稻草人、人工驱赶法和网罩法等方法进行驱避。防控黄鼠狼可采取竹筒捕捉法、木箱捕捉法、夹猎法、猎狗追踪捕捉和灌水烟熏捕捉等方法。蛇可采取捕捉法和驱避法。

12. 林下种草

在植被稀疏和林下草质量较差的地方，应人工种草。

13. 预防体内寄生虫病

长期林下养鸡，鸡体内多感染寄生虫病，应每月定期驱虫 1 次。

（三）山场放养技术

1. 山地选择

植被情况良好、可食牧草丰富、坡度较小，特别是经过人工改造的山场果园和山地草场最适合放养鸡。而坡度较大的山场、植被退化、可食牧草较少或植被稀疏的山场等均不适于放养鸡。人工改造的山场果园和山地草场最适合放养鸡。

2. 饲养规模和密度

山场养鸡的活动半径较平原农区小，饲养的规模和密度必须严格控制，饲养密度应控制在每亩 20 只左右，一般不超过 30 只。一个鸡群的规模应控制在 500 只以内，以 200～300 只效果最好。

3. 合理补料

山场养鸡不要发生过牧现象，以保护山场生态。饲料的补充必须根据放牧鸡每天采食情况来掌握。如果补饲不足，鸡很可能用爪刨食，使山场遭到破坏。

4. 预防兽害

山区野生动物较平原多，饲养过程中要严加防范。

（四）草场放养技术

1. 增加增温设施

草原昼夜温差大，在放牧的初期、鸡月龄较小的时候，以及春季和晚秋，一定要注意夜间鸡舍内温度的变化，防止温度骤然下降导致鸡群患感冒或者其他呼吸道疾病。必要的时候应增加增温设施。

2. 建造遮阴防雨棚舍

草场的遮阴状况不好。没有高大的树木，特别是退化的草场，在炎热的夏季会使鸡暴露在阳光下，雨天没有可躲避的地方。应根据具体情况增加简易棚舍。

3. 秋季早晚放牧

秋季早晚气温低，早晨草叶带有露水，对鸡的健康不利，遇到这种情况应适当晚放牧，等太阳升起后再放牧。

4. 轮牧和刈割

鸡喜欢采食幼嫩的草芽和叶片，不喜欢粗硬老化的牧草。因此，在草场养鸡时，应将放牧和刈割相结合。将草场划分不同的小区，轮流放牧和轮流刈割，使鸡经常可采食到幼嫩牧草。

5. 严防鸡产窝外蛋

草场辽阔，鸡活动的范围大，适合营巢的地方多。应防止鸡在外面营巢产蛋和孵化。

6. 预防兽害

草场的兽害最为严重。尤其鹰类、黄鼠狼、狐狸、老鼠，以及南方草场的蛇害。应有针对性地加以防范。

（五）农田放养技术

1. 放养时间

农田主要有棉田、玉米田、高粱田等，以植株长到 30 cm 左右放牧较好。

2. 防范不良天气

加强调教，使鸡群在遇到天气突变时及时返巢。及时收听当地天气预报，不良天气时不放出鸡群，或及时将鸡赶回。大雨过后，要及时寻找没能及时返回的鸡，并将其放在温暖的地方，使羽毛尽快干燥。鸡舍要建在较高的地方，防止鸡舍被淹。

3. 喷施农药

在喷施农药期间，采取分区轮牧，喷施农药 7 天后的小区才能放养，确保放养鸡的安全。大田放养鸡，虫害可以被鸡啄食，因此，最好不使用农药或少量喷药。

4. 设置围网

一般大面积农田养鸡，可不设置围网。但小地块棉田养鸡，周围种植的作物又不同，应考虑在放牧地块周围设置尼龙网。

5. 放养密度

一般每亩 30～40 只为宜，不应超过 50 只。

六、发酵床养鸡技术

（一）发酵床养鸡原理

发酵床养鸡依靠微生物学和生态学原理，让鸡生活在添加了活性微生物制剂的锯末、稻壳或秸秆等铺成的发酵垫料上，微生物能迅速分解鸡粪，消除圈舍中的异味，还能提供温暖的圈舍地面和舒适的生活条件，菌体被分解后形成菌体蛋白，可以作为鸡的饲料，减少饲料喂量。发酵床养鸡是实现粪尿完全降解的零污染、零排放的一种环保养殖模式，杜绝了氨气等有害气体的产生，减少鸡呼吸道疾病。

（二）发酵床养鸡的操作

1. 鸡舍的建造

鸡舍长宽比例为 5∶1，长以 50～70 m 为宜，不宜超过 100 m，宽以 6～10 m 为宜，不宜超过 12 m，檐高 2.0～2.5 m，屋脊高 3.0 m 左右。鸡舍东西走向，坐北朝南，不能太低，窗户要大。

由于发酵床分解鸡粪过程中产生大量废气，同时发酵热量把鸡粪中的水分蒸腾到空气中，这样增加了湿热气体，需要及时排出。因此要加强鸡舍的通风，开地窗，为防止鼠害，在地窗上钉上铁丝网。

2. 发酵床的制作

（1）准备菌种。菌种可自行采集培养，也可购买成品商品菌剂。目前使用的发酵床商品菌种中所含的菌类主要有枯草芽孢杆菌、酵母菌、放线菌、丝状真菌等。功能菌大多为好氧菌。发酵床的发酵过程以有氧发酵过程占绝对优势。如是采用干撒式发酵床发酵菌剂，每公斤可铺鸡床 15～20 m^2，按 1∶5 比例与米糠、玉米粉或麸皮不加水混匀稀释，增加泼洒量，均匀地撒入垫料。

（2）垫料准备。发酵床的主要原料是锯末、稻草、秸秆、谷壳等，以锯末最好。面积 20 m^2 的鸡床约需锯末 8 m^3。锯末必须无毒，无害，去杂，晒干后再用。

（3）铺足垫料。鸡床要求锯末厚度 40 cm，锯末不易得到可部分用稻壳、花生壳、秸秆代替，需切到 10～15 cm，铺在发酵床底部，床表面 15～20 cm 仍要用锯末。

（4）播撒菌种。可以边铺垫料边撒菌种，也可混匀后再铺垫料。最上面一层菌种铺撒量略多。

（5）放鸡入床。静置发酵，一周后可以放入鸡。发酵床功能菌正常生长最适合的温度为 30 ~ 40 °C。鸡放养的密度要掌握好，密了以后单位面积粪太多，发酵床的菌不能有效分解粪便，5 ~ 6 只/m^2 。

3. 发酵床养护

保持发酵床正常微生态平衡，使有益微生物菌群始终处于优势地位，抑制病原微生物的繁殖和病害的发生，确保发酵床对鸡粪尿的消化分解能力始终维持在较高水平，同时为鸡的生长提供一个舒适的环境。做好发酵床垫料的养护，可以延长其使用寿命。当垫料达到使用期限后，作为生物有机肥出售。

（1）垫料的透透性。满足氧气供应是保证发酵的前提。经常翻动垫料，保持垫料中较高的含氧量，可增强发酵床粪尿分解能力，同时抑制病源微生物繁殖，减少疾病发生。

（2）水分调节。水分是发酵菌群正常生长的基本条件。发酵床垫料中水分含量在 40% 左右最有利于发酵。可以采用加湿喷雾补水、补菌时补水等方法，补充因自然挥发而损失的垫料水分，从而保持垫料微生物的正常繁殖，维持垫料粪尿分解能力。

（3）补菌。定期喷洒补充益生菌，维护发酵床正常微生态平衡，保持对粪尿持续分解的能力。

（4）垫料补充与更新。发酵床在消化分解粪尿时，垫料会逐步损耗，要及时补充垫料，通常垫料减少量达到 10% 后就要及时补充，补充的新料要与发酵床上的垫料混合均匀，并调节好水分。发酵床垫料必须保持适宜的厚度，才能保证单位面积内的发酵空间和发酵功率，最大限度地降解粪尿，也才能保护中间发酵层的热度和正常运行。

（5）禁止化学药物。鸡舍内禁止使用化学药品和抗生素类药物，防止杀灭和抑制益生菌，使得益生菌的活性降低。

（a）制作发酵床垫料

（b）发酵床养鸡

图 7-47　发酵床养鸡

第八章 生态养鸡场的经营管理

经营是指商品生产者根据市场需要及企业内外部环境条件，合理地选择生产，对产、供、销各环节进行合理分配和组合，使生产适应于社会的需要，以求用最少的人、财、物消耗取得最多的物质产出和最大的经济效益。管理是指商品生产者为实现预期的经验目标所进行的计划、组织、指挥、协调、控制等工作。

经营是确定方向、目标性的经济活动，管理则是执行性的活动，是企业内部人与人、人与物的联系。一个企业如果没有明确的经营目标和正确的决策，生产就会陷入盲目性，管理也就会失去目标，经营目标也就难以实现。只有在善于经营的前提下，加上科学的管理，才能取得良好的经济效益。

一、养鸡场的经济性状指标

（一）生活力性状

1. 雏鸡成活率

雏鸡成活率是指育雏期末成活雏鸡数占入舍雏鸡数的百分比。

$$雏鸡成活率(\%)=\frac{育雏期末成活雏鸡数}{入舍雏鸡数}\times 100$$

2. 育成鸡成活率

育成鸡成活率是指育成期末成活育成鸡数占育雏期末入舍雏鸡数的百分比。

$$育成鸡成活率(\%)=\frac{育成期末成活鸡数}{育雏期末入舍雏鸡数}\times 100$$

3. 产蛋期母鸡存活率

产蛋期母鸡存活率是指入舍母鸡数减去死亡数和淘汰数后的存活数占入

舍母鸡数的百分比。

$$母鸡存活率(\%)=\frac{入舍母鸡数-(死亡数+淘汰数)}{入舍母鸡数}\times100$$

（二）繁殖力性状

种鸡繁殖性能的高低，主要是通过种蛋受精率、种蛋合格率、孵化率和健雏率等多项指标进行评定。

1. 种蛋合格率

种蛋合格率是指种母鸡在规定的产蛋期内所产符合本品种、品系要求的种蛋数占产蛋总数的百分比。一般要求种蛋合格率在 90% 以上。

$$种蛋合格率(\%)=\frac{合格种蛋数}{产蛋总数}\times100$$

2. 受精率

受精率是指受精蛋数占入孵蛋数的百分比。一般要求种蛋受精率在 90% 以上。

$$种蛋受精率(\%)=\frac{受精蛋数}{入孵蛋数}\times100$$

3. 孵化率

受精蛋孵化率是指出雏数占受精蛋数的百分比，要求在 90% 以上，入孵蛋孵化率是指出雏数占入孵蛋数的百分比，要求在 85% 以上。

$$受情蛋孵化率(\%)=\frac{出雏数}{受精蛋数}\times100$$

$$入孵蛋孵化率(\%)=\frac{出雏数}{入孵蛋数}\times100$$

4. 健雏率

健雏率指健康雏鸡数占出雏数的百分比。初生雏并非全部是健壮的，总有少数体重过小，精神不振，脐部愈合不良，腹大站不稳，有残疾、畸形者统称为残弱雏。在生产上，健雏率一般应要求达到98%以上。

$$健雏率(\%)=\frac{健雏数}{出雏数}\times 100$$

5. 种母鸡提供的健雏数

种母鸡提供的健雏数指在规定产蛋期内，每只种母鸡所提供的健雏数。

（三）蛋用性状

1. 产蛋量

产蛋量是指母鸡在统计期内的产蛋枚数，是蛋鸡最主要的生产性能，而对肉鸡则决定肉种鸡的繁殖性能。通常统计开产后300日龄产蛋量和500日龄产蛋量。

（1）按母鸡饲养只日统计。一只母鸡饲养1天就是一个饲养只日。

$$饲养只日产蛋量(枚/只)=\frac{统计期内产蛋数}{统计期内饲养只日总和\div 统计期日数}$$

（2）按入舍母鸡数统计。

$$入舍母鸡产蛋量(枚/只)=\frac{统计期内产蛋数}{入舍母鸡数}$$

2. 产蛋率

产蛋率是指母鸡在统计期内的产蛋百分率。

$$饲养只日产蛋率(\%)=\frac{统计期内总产蛋数}{统计期内总饲养只日数}\times 100$$

$$入舍母鸡产蛋率(\%)=\frac{统计期内总产蛋数}{入舍母鸡数\times 统计期日数}\times 100$$

$$群体日产蛋率(\%)=\frac{当日总产蛋数}{当日总饲养只数}\times 100$$

3. 蛋　重

蛋重是评价家禽生产性能的一项重要指标，同样的产蛋量，蛋重大小不同，总产蛋重不同。蛋重的一般变化规律：刚开产时蛋重小。随着日龄的增长，蛋重迅速增加，经过约60天的直线增长后，蛋重增长率下降，蛋重增量逐渐减少，到 300 日龄以后蛋重平缓增加，蛋重逐渐接近蛋重的极限。

（1）平均蛋重。从 300 日龄开始计算，个体记录者需连续称取 3 个以上的蛋求平均值，群体记录时则连续称取 3 天总产蛋重，求平均值。平均蛋重以 g 为单位（见图 8-1）。

（2）总蛋重。

$$日产蛋重(g) = 蛋重 \times 产蛋率$$

$$总产蛋重(kg) = (平均蛋重 \times 平均产蛋量) \div 1\,000$$

图 8-1　测蛋重

4. 蛋品质

蛋品质是影响商品蛋生产效益的重要因素。除蛋重外，还有以下几个指标反映蛋的品质。

（1）蛋形指数。即蛋的长径和短径的比值，蛋的正常形状为椭圆形，鸡蛋的蛋形指数为 1.30 ~ 1.35，大于 1.35 的蛋为长形蛋，小于 1.30 的蛋为圆形蛋。蛋形指数偏离标准过大，会影响种蛋的孵化率和商品蛋的等级，也不利于机械集蛋、分级和包装（见图 8-2）。

（2）蛋壳强度。指蛋壳耐受压力的大小。蛋壳结构致密，则耐受压力大，不易破损。一般用蛋壳强度测定仪进行蛋壳强度测定。由于蛋的纵轴比横轴耐压，故在装运时以竖放为宜。在现代家禽生产中，为了减少蛋在产出、收集及运输过程中造成破损，要求蛋壳强度高（见图 8-3）。

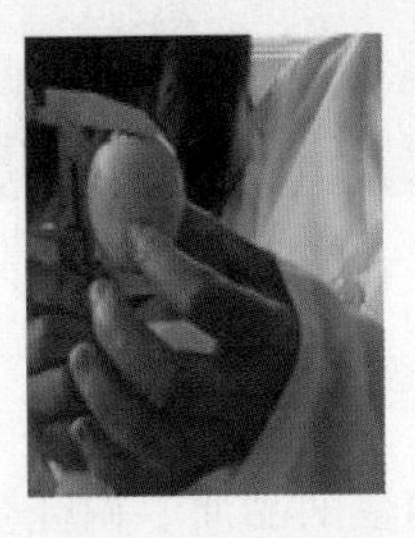

图 8-2　测蛋形指数

图 8-3　测蛋壳强度

（3）蛋壳厚度。用蛋壳厚度测定仪分别测定蛋的钝端、锐端和中腰 3 处蛋壳厚度，其平均值就是蛋壳的平均厚度。理想的鸡蛋蛋壳厚度为 0.33 ~ 0.35 mm（见图 8-4）。

（4）蛋的比重。蛋的比重是反映蛋的新鲜程度的指标，还可间接反映蛋壳厚度和蛋壳强度。测定蛋的比重用盐水漂浮法（见图 8-5）。

（5）蛋壳颜色。蛋壳色泽是家禽品种的特征表现，蛋壳颜色主要分为白色、粉色和褐色，也有少量的绿壳蛋。

（6）蛋白品质。蛋白品质是蛋的重要特征，消费者常用蛋白黏稠度来衡量蛋的新鲜程度。浓蛋白高度是确定蛋白品质的主要指标。国际上用哈氏单位表示蛋白黏稠度，哈氏单位越大，则蛋白黏稠度越大，蛋白质量越好（见图 8-6）。

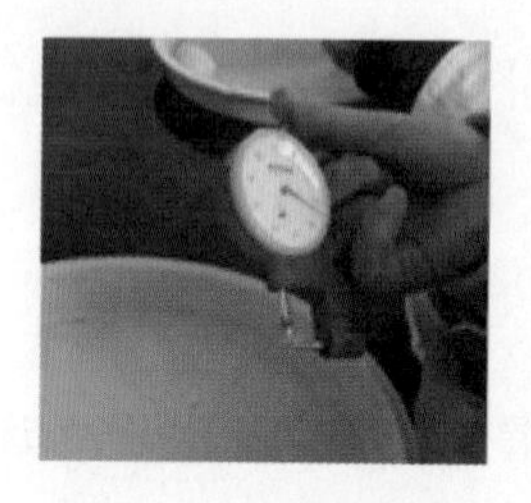

图 8-4　测蛋壳厚度

图 8-5　盐水漂浮法

图 8-6　测浓蛋白高度

（7）蛋黄色泽。蛋黄色泽越浓，表示蛋的品质越好。国际上按罗氏比色扇的 15 个等级进行比色分级。蛋黄色泽与饲料所含黄色素有关，如饲喂胡萝卜、黄玉米等含黄色素较多的饲料，蛋黄的色泽就浓艳（见图 8-7）。

（a）蛋黄颜色

（b）罗氏比色扇比色

图 8-7　蛋黄分级

（8）血斑和肉斑。蛋中的血斑和肉斑影响蛋的品质，白壳蛋的血斑率一般要比褐壳蛋高，而肉斑率要比褐壳蛋低。

（四）肉用性状

1. 体重与增重

体重是家禽的一个重要指标。对肉鸡而言，早期体重始终是育种的重要目标，而对蛋鸡和种鸡，体重是衡量生长发育程度及群体均匀度的重要指标。增重则是与体重密切相关的一个性状，表示某一年龄段内体重的增加。

2. 屠体性能

屠宰率是肉鸡生产中的重要性状，反映肉鸡产肉能力。屠体缺陷主要指肉鸡屠体有龙骨弯曲、胸部囊肿和绿肌病。腹脂率过高是当今肉鸡生产中面临的重要问题之一，可通过育种过程降低肉鸡的腹脂率。

$$\text{屠宰率}(\%)=\frac{\text{屠体重}}{\text{活重}}\times 100$$

3. 体重和骨骼发育

理想的肉鸡，要求胸部宽大，肌肉丰满，体格宽深，腿部粗壮结实。在评价胸部发育状况时，最常用的活体测定指标是胸角度和胸宽。

（五）饲料转化率

饲料转化率也称为饲料利用率，是指饲料转化为蛋或肉的效果。由于饲料成本占鸡生产总成本的60%～70%，因此饲料转化率与养鸡生产的经济效益密切相关。

1. 料蛋比

在蛋用时被称为料蛋比，常用产蛋期料蛋比表示，即产蛋期消耗的饲料量除以总产蛋重，也就是每产1 kg蛋所消耗的饲料量。

$$\text{产蛋期料蛋比}=\frac{\text{产蛋期耗料量}}{\text{总产蛋量}}$$

2. 料肉比

在肉用时称为料肉比，即肉鸡消耗的饲料量除以肉鸡总活重，即每1 kg活重所消耗的饲料量。

$$料肉比=\frac{饲养全程耗料量}{肉鸡总活重}$$

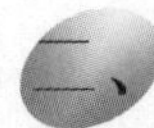

二、养鸡场成本核算与效益分析

（一）生产成本的构成

生产成本一般分为固定成本和可变成本。固定成本包括固定资产（鸡场房屋、鸡舍、饲养设备、运输工具、动力机械、生活设施等）折旧费、土地税、基建贷款利息、工资、管理费用等。组成固定成本的各种费用必须按时支付，即使鸡场不养鸡，只要这个企业还存在，都得按时支付。可变成本也称流动资金，是指生产过程中使用的消耗资金，包括饲料、种苗、兽药、疫苗、能源、临时工工资及奖金等。从表 8-1 可以看出，饲料费用一般占总成本的 60% 以上。

表 8-1　养鸡场成本大概支出比例构成

项　目	比例/%	项　目	比例/%
职工工资福利	7.0	能　源	1.5
雏鸡费	15.0	固定资产折旧费	3.0
饲　料	65.0	税　收	0.8
种　苗	1.5	贷款利息	0.5
兽　药	1.0	其　他	4.7

（二）生产成本的核算

（1）工资福利。指直接从事养鸡生产人员的工资、津贴、奖金、福利等。

（2）饲料费。指养鸡场在生产过程中实际耗用的自产和外购的各种饲料原料、预混料、饲料添加剂和全价配合饲料等的费用及其运杂费。

（3）疫病防治费。指用于鸡病防治的疫苗、药品、消毒剂和检疫费、专家咨询费等。

（4）燃料及动力费。指直接用于养鸡生产的燃料、动力、水电费和水资源费等。

（5）固定资产折旧费。指鸡舍和专用机械设备的折旧费。房屋等建筑物一般按 10～15 年折旧，鸡场专用设备一般按 5～8 年折旧。

（6）固定资产修理费。指为保持鸡舍和专用设备的完好所发生的一切维修费用，一般占年折旧费的 5%～10%。

（7）种鸡摊销费。指生产每千克蛋或每千克活重所分摊的种鸡费用。

种鸡摊销费(元/kg) = (种鸡原值(元) − 种鸡残值(元)) ÷ 只鸡产蛋重(kg)

（8）低值易耗品费用。指低价值的工具、材料、劳保用品等易耗品的费用。

（9）其他直接费用。凡不能列入上述各项而实际已经消耗的直接费用。

（10）期间费用。包括企业管理费、财务费和销售费用，这些费用不能直接计入到某种鸡产品中，而需要采取一定的标准和方法，在养鸡场内各产品之间进行分摊。

由此可以看出，要提高养鸡场的经济效益，必须想方设法控制成本，首先应降低固定资产折旧费，尽量提高饲料费用在总成本中所占比重，提高每只鸡的产蛋量、活重和降低死亡率，其次是料蛋价格比、料肉价格比控制全成本。

（三）效益分析

1．生产成本的计算方法

养鸡场生产成本的计算对象一般为种蛋、种雏、肉仔鸡和商品蛋等。

（1）种蛋生产成本的计算。

每枚种蛋成本 = (种蛋生产费用 − 副产品价值) ÷ 入舍种鸡出售种蛋数

种蛋生产费为每只入舍种鸡自入舍至淘汰期间的所有费用之和，其中入舍种鸡自身价值以种鸡育成费体现。副产品价值包括期内淘汰鸡、期末淘汰鸡、鸡粪等的收入。

（2）商品蛋生产成本的计算。

每千克鸡蛋成本 = (蛋鸡生产费用 − 副产品价值) ÷ 入舍母鸡总产蛋量

蛋鸡生产费用是指每只入舍母鸡自入舍至淘汰期间的所有费用之和。副产品价值同种蛋生产成本的计算方法。

（3）种雏生产成本的计算。

种雏只成本 = (种蛋费 + 孵化生产费 − 副产品价值) ÷ 出售种雏数

孵化生产费包括种蛋采购费、孵化生产过程的全部费用和各种摊销费、雌雄鉴别费、疫苗注射费、雏鸡发运费、销售费等。副产品价值主要是未受精蛋、毛蛋和公雏等的收入。

（4）雏鸡、育成鸡生产成本的计算。雏鸡、育成鸡的生产成本按平均每只每日饲养雏鸡、育成鸡的饲养费用计算。

雏鸡（育成鸡）饲养只日成本＝(期内全部饲养费－副产品价值)÷期内饲养只日数

期内饲养只日数＝期初只数×本期饲养日数＋期内转入只数×自转入至期末日数－死淘鸡只数×死淘日至期末日数

期内全部饲养费用是上述所列生产成本核算内容中10项费用之和，副产品价值是指鸡粪、淘汰鸡等项收入。雏鸡（育成鸡）饲养只日成本直接反映饲养管理的水平。饲养管理水平越高，饲养只日成本就越低。

（5）商品肉鸡生产成本的计算。

每千克商品肉鸡成本＝(商品肉鸡生产费用－副产品价值)÷出栏商品肉鸡总重

或　每只商品肉鸡成本＝(商品肉鸡生产费用－副产品价值)÷出栏商品肉鸡只数

商品肉鸡生产费用包括肉雏鸡苗费与整个饲养期其他各项费用之和，副产品价值主要是鸡粪收入。

2. 总成本中各项费用的构成

育成鸡和鸡蛋的成本构成见表8-2。

表8-2　育成鸡和鸡蛋的成本结构

	每项费用占总成本的比例/%	
项目	育成鸡（达20周龄）总成本构成	鸡蛋的总成本构成
雏鸡费	17.5	/
后备鸡摊销费	/	16.8
饲料费	65.0	70.1
工资福利费	6.8	2.1
疫病防治费	2.5	1.2
燃料水电费	2.0	1.3
固定资产折旧费	3.0	2.8
维修费	0.5	0.4
低值易耗品费	0.3	0.4
其他直接费用	0.9	1.2
期间费用	1.5	3.7
合　计	100	100

3. 生产成本盈亏临界点分析

盈亏临界点又叫保本点，是鸡场盈利还是亏损的分界线。现举例说明：

（1）鸡蛋生产成本临界点分析。如某鸡场每只蛋鸡日均产蛋重（产蛋率×平均蛋重）为 42 g，饲料单价 2.5 元/kg，饲料消耗 110 g/（日·只），饲料费占总成本的比率为 65%。该鸡场每千克鸡蛋的生产成本临界点为：

$$\begin{aligned}\text{鸡蛋生产成本临界点} &= (\text{饲料价格} \times \text{日耗料量}) \div (\text{饲料费占总成本的比率} \times \text{日产蛋量}) \\ &= (2.5 \times 110) \div (0.65 \times 42) = 10.07\ (\text{元/kg})\end{aligned}$$

即表明每千克鸡蛋平均价格达到 10.07 元，鸡场可以保本，不亏不盈；市场销售价格高于 10.07 元/kg 时，该鸡场才能盈利。根据上述公式，如果知道市场蛋价，也可以计算鸡场最低日均产蛋重的临界点。鸡场日均产蛋重高于此点即可盈利，低于此点就会亏损。

（2）产蛋率临界点分析。如果上例市场蛋价为 10 元/kg，平均每枚蛋重 60 g。其产蛋率盈亏临界点为：

$$\begin{aligned}\text{临界产蛋率} &= (\text{饲料单价} \times \text{日耗料量}) \div (\text{饲料占总成本比率} \times \text{平均蛋重} \times \text{蛋价}) \times 100\% \\ &= (2.5 \times 110) \div (0.65 \times 60 \times 10) \times 100\% = 70.51\%\end{aligned}$$

即产蛋期内鸡群平均产蛋率应保持在 70.51% 以上的水平，才能保证盈利；在接近或低于 70.51% 时就亏损，可考虑淘汰处理。

（3）商品肉鸡生产成本临界点分析。

$$\text{每千克商品肉鸡成本} = (\text{商品肉鸡生产费用} - \text{副产品价值}) \div \text{出栏商品肉鸡总重}$$

$$\text{商品肉鸡日增重保本点} = (\text{饲料价格} \times \text{日耗料量}) \div (\text{饲料费占总费用的比例} \times \text{日增重})$$

4. 考核利润指标

（1）产值利润及产值利润率。产值利润是产品产值减去可变成本和固定成本后的余额。产值利润率是一定时期内总利润额与产品产值之比。它反映单位产值获得的利润，反映产值与利润的关系。计算公式为：

$$\text{产值利润率} = \text{利润总额} / \text{产品产值} \times 100\%$$

销售利润及销售利润率。销售利润是企业在其全部销售业务中实现的利润。除了受商品销售收入的影响外，还受到销售商品的进销差价、商品销售税金、商品销售的可变费用和商品销售应负担的固定费用的影响。销售利润率则是衡量企业销售收入的收益水平的指标，销售额高而销售成本低，则销售利润率高；销售额低而销售成本高，则销售利润率低。计算公式为：

销售利润 = 销售收入 − 生产成本 − 销售费用 − 税金

销售利润率 = 产品销售利润/产品销售收入 × 100%

（3）营业利润及营业利润率。营业利润是企业最基本的经营活动的成果，也是企业一定时期获得利润的最主要、最稳定的来源。营业利润率是企业的营业利润与营业收入的比率，表明企业通过生产经营获得利润的能力，该比率越高，表明企业的盈利能力越强。

营业利润 = 销售利润 − 摊销费用 − 摊销管理费

企业的摊销费用包括接待费、摊销人员工资及差旅费，广告宣传费。

营业利润率 = 营业利润/产品销售收入 × 100%

（4）经营利润及经营利润率。

经营利润 = 营业利润 ± 营业外损益

营业外损益是指与企业的生产活动没有直接联系的各种收入或支出。例如，罚金、由于汇率变化影响到的收入或支出、企业内事故损失、积压物资削价损失、呆账损失等。

经营利润率 = 经营利润/产品销售收入 × 100%

（5）衡量一个企业的盈利能力。养鸡生产是以流动资金购入饲料、雏鸡、医药、燃料等，在人的劳动作用下转化成鸡蛋、鸡肉产品，通过销售又回收了资金，这个过程叫资金周转一次。利润就是资金周转一次或使用一次的结果。既然资金在周转中获得利润，周转越快、次数越多，企业获利就越多。资金周转的衡量指标是一定时期内流动资金周转率。

资金周转率(年) = 年销售总额/年流动资金总额 × 100%

企业的销售利润和资金周转共同影响资金利润高低。

资金利润 = 资金周转率 × 销售利润率

企业赢利的最终指标应以资金利润率作为主要指标。如一肉鸡场的销售利润率是 7.5%，如果一年生产 5 批，其资金利润率是：

$$资金利润率 = 7.5\% \times 5 = 37.5\%$$

5. 提高鸡场经济效益的途径

（1）挖掘鸡场生产潜力。要充分依靠和发挥鸡场全体员工的积极性和创造性，厉行节约，尽量减少饲料、能源等各种消耗，利用现有的鸡舍设备创造更多的产值。

（2）饲养优良高产鸡群。品种是影响养鸡生产的第一因素。在同样的鸡群数量和饲养管理条件下，选择优良品种，能大幅度提高产品产量，从而提高经济效益。

（3）鸡场要有—定的规模。利润的增加与鸡场规模成正比。鸡场规模过小，不能创造高额的利润，特别在产品价格较低的情况下，所得的利润更少。规模较大的鸡场，可获得规模效益。

（4）适时更新鸡群。母鸡第一个产蛋年产蛋量最高，以后每年递减 10%~15%。鸡场可以根据料蛋比等决定适宜的淘汰时机，以“产蛋鸡盈亏临界点”确定淘汰时机。同时，安排好鸡群周转，充分利用鸡舍面积或笼位，加快资产周转速度，提高资产利用率。

（5）防止饲料浪费。如浪费 2% 的饲料，会增加 1.3% 的费用，应采取各种有效措施，尽量杜绝饲料的浪费。

（6）防止能源浪费。鸡场的水、电、煤用量很大，要想方设法节约能源，以减少不必要的开支。

（7）重视防疫工作。养鸡者往往重视突发的疾病，而不重视平时的防疫工作，造成死淘率上升，产品合格率下降，从而降低了产品产量、质量，增加了生产成本。因此鸡场必须制定科学的免疫程序，建立严格的防疫制度，提高鸡群的健康水平。

（8）提高全员劳动生产率。尽量压缩一切不必要的行政开支和非生产支出，对生产人员实行经济责任制，严格奖罚，提高人员的劳动效率，才能获得较高的效益。

三、养鸡场的生产计划、组织与管理

（一）生产计划

养鸡场的计划管理是通过编制和执行计划来实现的，有长期计划、年度计划和阶段计划。

生产计划是企业年度计划的中心环节，包括鸡群周转计划、产品生产计划、饲料计划、孵化计划等。相关计划统计表格见表 8-3 ~ 表 8-9。

表 8-3　6.6 万只蛋鸡场鸡群周转模式

项　目	雏　鸡	育成鸡	蛋　鸡
饲料阶段日龄	1 ~ 49	50 ~ 140	141 ~ 532
饲养天数	49	91	392
空舍天数	19	11	16
每栋周期天数	68	102	408
鸡舍栋数	2	3	12
每栋鸡位数	6 864（成活率 90%）	6 177（成活率 90%）	5 560
408 天饲养批数	6	4	1
总笼数	13 728	18 531（成活率高于 90%，笼位可减少）	66 720

表 8-4　雏鸡育成鸡周转计划表

日期	0 ~ 42 日龄					43 ~ 140 日龄				
	期初只数	转入数	转出数	成活率	平均饲养只数	期初只数	转入数	转出数	成活率	平均饲养只数
合计										

表 8-5　蛋鸡周转计划表（141 ~ 504 日龄）

日期	初期数	转入数量	死亡数	淘汰数	存活率	总饲养只日数	平均饲养只数
合计							

表 8-6　雏鸡育成鸡饲料计划表

雏鸡周龄	平均饲养只数	饲料总量（kg）	各种料量（kg）						添加剂
			玉米	豆粕	鱼粉	麸皮	骨粉	石粉	
1 ~ 6									
7 ~ 14									
15 ~ 20									
合　计									

表 8-7 蛋鸡饲料计划表

月份	饲养只日数	饲料总量（kg）	各种料量（kg）						添加剂
			玉米	豆粕	鱼粉	麸皮	骨粉	石粉	
合计									

表 8-8 产品生产计划表

项目	产蛋日期	产蛋鸡日龄	每只鸡日均产蛋数	产蛋率	蛋重	饲料效率

表 8-9 养鸡场资金周转表

分类	固定投入		流动资金					合　计
项目	鸡舍	鸡舍设施	鸡苗	饲料	能源	人员报酬	保健药品	
投入值								

（二）生产组织

1. 组织结构

中小型养鸡场的生产组织模式，是由场长、技术员、饲养员以及会计、出纳、保管员、饲料加工员、驾驶员、炊事员等组成。大型养鸡公司的组织除此以外，主要是增设总部生产组织，包括董事会和董事长、总经理、财会部、科研部、生产部、供应部、销售部、人事部等机构。

2. 岗位职责

（1）场长。全权主管鸡场的人、财、物和一切经营活动；制定全年生产计划、经济指标和各种规章制度，并监督、检查其落实情况；组织制定和初审各批鸡的饲养管理方案及预防措施；及时收集和掌握市场信息，修订和调整生产计划；负责落实经理办公会议有关决定，定期向总经理汇报生产情况；协调养鸡场与地方有关部门之间的关系；妥善处理各种突发事件。

（2）兽医技术员。主管全场的技术工作，当好场长的参谋；制定防疫计划，并组织实施；按计划开展各种疫苗的免疫接种工作，并检查免疫效果；对病鸡进行临床诊断、治疗和护理；对鸡舍及饲养器具进行定期预防性投药、消毒，并检查效果；负责引种时的检疫工作；及时掌握疫情动态；学习和掌握疫病防治新技术和新方法。

（3）饲养员。严格遵守场内各项规章制度，不迟到、不早退、不旷工；服从领导安排，服从技术员技术指导，不怕脏，不怕累，做好本职工作；熟练掌握各种操作技能，按饲养技术操作规程饲喂、饮水、拣蛋、清洁、消毒；认真观察鸡只采食、饮水、粪便、活动及休息等情况，若发现病鸡应及时治疗或报告兽医技术员；做好各项记录填写工作。

（三）生产管理

养鸡场的生产管理就是通过制定各项规章、制度和方案作为生产过程中管理的依据，使生产能够达到预定的指标和水平。

1. 人的管理

人的管理实质上是场长管人的问题。养鸡场要规范各项规章制度，比如工资奖罚制度、岗位责任制、作息制度、消毒防疫卫生制度、物品使用制度等，制度上墙，用制度管人，严格执行。

2. 技术管理

技术管理就是把制定的技术措施（如技术操作规程、饲养员一日工作程序）及时地、全面地、准确地贯彻下去。措施制定得再好，若不能实现就等于一纸空文。技术员应在场长领导下将每一个技术措施变成实际行动。

3. 资金管理

资金管理指流动资金的管理，既包括现金管理，又包括饲料、鸡蛋、器材等物质的管理。要有健全的财务制度、账本记录和财会手续。收支情况要日清月结，笔笔清楚。

4. 房建设备管理

房建设备管理实质上是固定资金的管理，包括厂房、附属建筑、道路、围墙、笼具、水电设备等。房建设备管理好了，就可以节约一大笔资金。

第九章　生态养鸡的疾病综合防治

一、生态养鸡的发病特点

（1）寄生虫病较多。散养条件下，鸡接触地面，啄食被病鸡虫卵污染的饲料、饮水、土地，导致感染球虫病。当天热多雨、过分拥挤、运动场太潮湿、大小鸡混养、饲料中缺乏维生素 A 时，会加快此病的传播。由于蚂蚱、蚂蚁、家蝇、蚯蚓等是鸡某些寄生虫的中间宿主，鸡啄食后容易感染寄生虫病，如绦虫病、蛔虫病、组织滴虫病等。其他寄生虫病如鸡虱、螨等也容易发生。

（2）细菌病较多。如果从未做过鸡白痢净化的种鸡场购买雏鸡，育雏期间以沙门氏杆菌感染为主，发生鸡白痢，影响成活率。放养鸡环境条件差，鸡群接触到污染的饲料、饮水、用具等，易感染大肠肝菌病。

（3）呼吸道病较少。散养条件下，由于饲养密度小，野外活动，空气新鲜，鸡群很少患呼吸道疾病。

（4）维生素缺乏症较少。散养鸡采食青草，一般不会缺乏维生素。

（5）鸡痘、新城疫较多。山区、农村蚊虫多，笼养条件下很少发生的鸡痘，在散养均有一定数量的发生。放养鸡免疫程序不尽合理，免疫方法不得当等，易感染法氏囊，造成免疫抑制，雏鸡继发感染新城疫。

二、鸡病的传播途径

凡是由致病性微生物引起的疾病，均有一定的传染性。其传播必须具备以下三个基本环节：一是传染源，也就是受病原微生物感染的鸡只，包括病鸡和带毒（菌）鸡，以及一些带毒（菌）的鸟、鼠等。二是传播途径，指病原微生物由传播源排出后，经一定的方式再侵入易感动物所经的途径，如消化道、呼吸道、空气、饲料、饮水、设备用具、种蛋、昆虫、其他动物及人等。三是易感鸡，是对某种传染病缺乏抵抗力的鸡。

传染源、传播途径、易感鸡这三个因素构成了传染病的流行过程。如果采取措施切断其中任何一个环节，传染病均不能发生和流行。

三、病鸡的剖检技术和方法

鸡的剖检工具比较简单，通常只需要3%来苏儿、剪子、镊子、骨剪、手术刀、瓷盘等用具。

（一）外部检查

每天检查鸡群是养鸡者必须做的工作。根据精神、活动、食欲、排粪情况，再结合检查鸡的采食量和饮水量，就可以了解到鸡群的健康状况。健康鸡与病鸡其表征不同（见表9-1和图9-1），应注意区别。

表9-1　健康鸡与病鸡的鉴别

项　目	病　鸡	健 康 鸡
精　神	精神沉郁，行动迟缓，缩头闭眼，翅膀下垂，食欲缺乏，反应迟钝	精神饱满，活泼好动，行动迅速，眼大有神，食欲旺盛，反应敏捷
呼　吸	呼吸困难，间隙张嘴，呼吸频率增加或减少	不张嘴呼吸，每分钟平均呼吸15~30次
冠、肉髯	紫红、黑紫或苍白色，有痘疹	鲜红色
眼和眼睑	眼神迟滞，眼睑肿，有分泌物	眼珠明亮，有神
嗉　囊	膨胀，积食有坚实感或积水，早上喂前积食	早上喂食无积食
翼　窝	发热，烫毛	不发热
胫　部	鳞片干燥，无光泽，出血，关节肿胀	鳞片有光泽
泄殖腔	不收缩，黏膜充血、出血、坏死或溃疡，脱肛	频频收缩，黏膜呈肉色
粪　便	液状或水样黄白色、草绿色，甚至为血便，粘污肛门周围羽毛	多为褐色或黄褐色，呈圆柱形，细而弯曲，附有白色尿液
皮　肤	无光泽，呈暗色，有外伤、肿瘤	有光泽，黄白色
羽　毛	蓬乱、粘污，缺乏光泽，脱毛，有肿瘤	整齐清洁，富有光泽
腹　部	有积液	无积液
胸骨两侧肌肉	消　瘦	丰　满

图 9-1 健康鸡群表征

（二）内部检查

剖检前用消毒药将尸体表面及羽毛打湿，如图 9-2 所示。

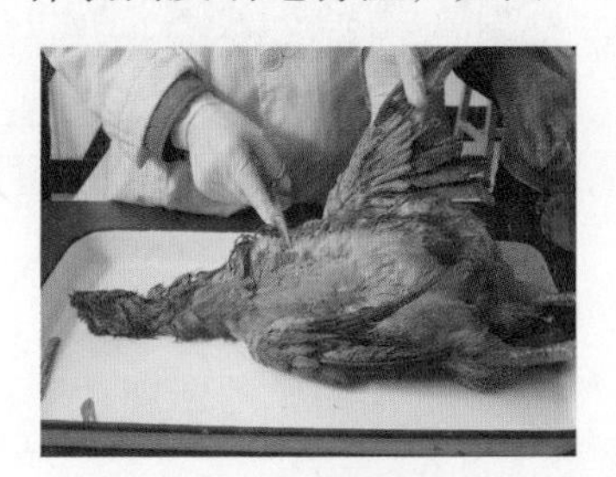

图 9-2 解剖病鸡

1. 皮下检查

尸体仰卧，用力将两大腿向外翻压，使髋关节脱位，使鸡的尸体固定于解剖盘中。在胸骨嵴部纵行切开皮肤，暴露颈、胸、腹部和腿部肌肉，观察皮下血管状况，有无出血和水肿；观察胸肌的丰满程度和颜色，胸部和腿部肌肉有无出血和坏死；检查嗉囊是否充盈食物，内容物的数量及性状。

2. 内脏检查

（1）注意观察各脏器的位置、颜色（见图 9-3）。

（2）检查胸、腹气囊是否增厚、浑浊、有无渗出物及其性状，气囊内有无干酪样团块（见图 9-4）。

（3）检查肝脏大小、颜色、质地、形状有无异常，表面有无出血点、斑、坏死点或大小不等的圆形坏死灶。然后取出肝脏。纵行切开肝脏，检查肝脏切面及血管情况，肝脏有无变性、坏死点及肿瘤结节。检查胆囊大小，胆汁的多少和颜色，黏稠度及胆囊黏膜的状况（见图 9-5）。

图 9-3 检查各脏器

图 9-4 气囊浑浊

图 9-5 肝脏有坏死点

（4）在腺胃和肌胃交界处的右方，找到脾脏。检查脾脏的大小，颜色，表面有无出血点和坏死点，有无肿瘤结节。剪断脾动脉取出脾脏，将其切开，检查淋巴滤泡及脾髓状况（见图 9-6）。

图 9-6 脾脏肿大

（5）检查肠系膜是否光滑，有无肿瘤结节。剪开腺胃，检查内容物的性状，黏膜及腺头有无充血和出血，胃壁是否增厚，有无肿瘤。观察肌胃浆膜上有无出血，肌胃的硬度，然后从大弯部切开，检查内容物及角质膜的情况，再撕去角质膜，检查角质膜下的情况，看有无出血和溃疡（见图 9-7）。

从前向后，检查小肠、盲肠和直肠，观察各段肠有无充气和扩张，浆膜上有无出血、结节或肿瘤。检查各段肠内容物的性状，黏膜有无出血和溃疡，肠壁是否增厚，肠壁上的淋巴集结和盲肠起始部的盲肠扁桃体是否肿胀，有无出血、坏死，盲肠腔中有无出血或土黄色干酪样的栓塞物（见图 9-8）。

图 9-7　腺胃出血

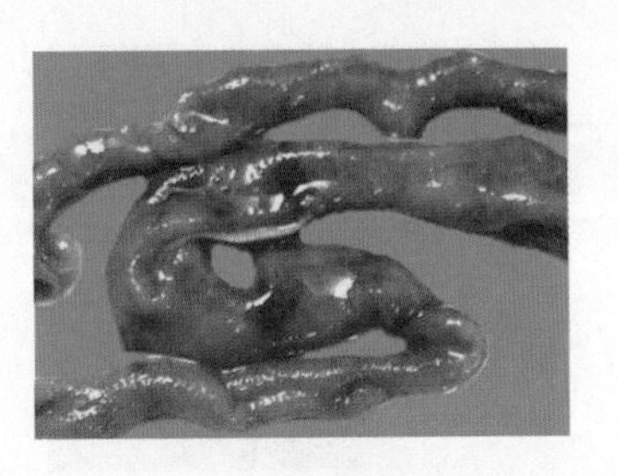
图 9-8　肠黏膜出血

将直肠从泄殖腔拉出，在其背侧看到法氏囊，剪去与其相连的组织，摘取法氏囊。检查法氏囊的大小，观察其表面有无出血，然后剪开法氏囊，检查黏膜是否肿胀，有无出血，皱襞是否明显，有无渗出物及其性状（见图 9-9）。

（6）纵行剪开心包囊，检查心包膜是否增厚和混浊。观察心外膜是否光滑，有无出血、渗出物、尿酸盐沉积、结节和肿瘤，随后将进出心脏的动、静脉剪断，取出心脏，检查心冠脂肪有无出血点，心肌有无出血点和坏死点，剖开左右两心室，注意心肌断面的颜色和质地，观察心内膜有无出血（见图 9-10）。

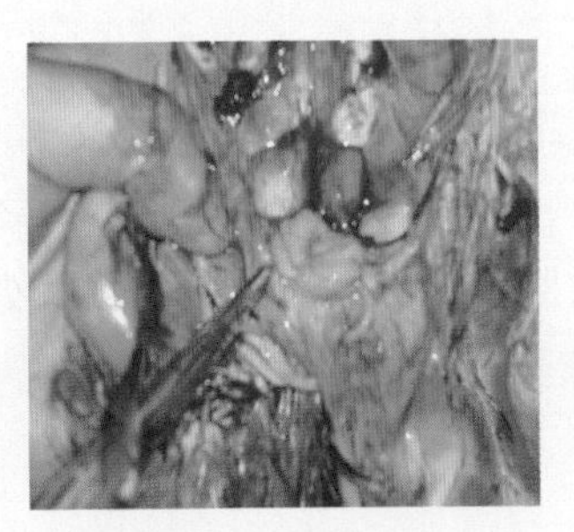
图 9-9　法氏囊

图 9-10　心包积液

（7）其他脏器检查。检查肺的颜色和质地，有无出血、水肿、炎症、实变、坏死、结节和肿瘤，观察切面上支气管及肺泡囊的性状（见图 9-11）。

检查肾脏的颜色、质地、有无出血和花斑状条纹，肾脏和输尿管有无尿酸盐沉积及其含量（见图 9-12）。

检查睾丸的大小和颜色，观察有无出血、肿瘤，两者是否一致（见图 9-13）。

检查卵巢发育情况，卵泡大小、颜色和形态，有无出血及渗出物。产蛋母鸡，在泄殖腔的右侧常见一水泡样的结构，这是退化的右侧输卵管（见图 9-14）。

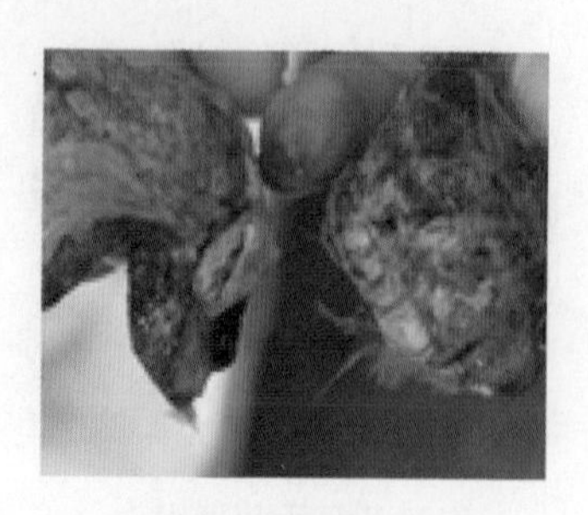

图 9-11 肺充血

图 9-12 花斑肾

图 9-13 睾丸

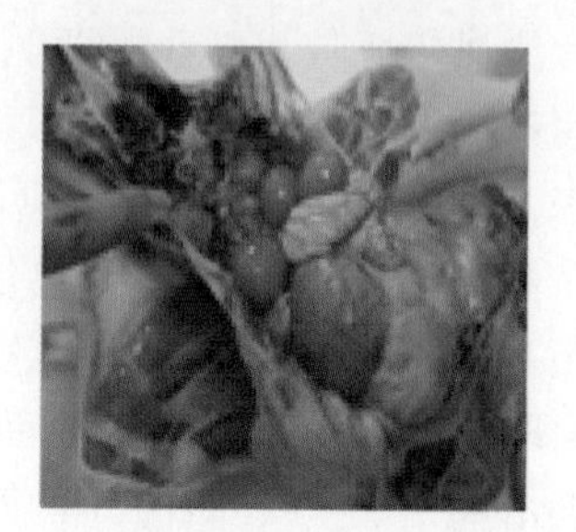

图 9-14 卵巢

3. 脑部检查

切开顶部皮肤，剥离皮肤，露出颅骨，用剪刀在两侧眼眶后缘之间剪断额骨，再从两侧剪开顶骨至枕骨大孔，掀去脑盖，暴露大脑、丘脑及小脑。观察脑膜有无充血、出血、脑组织是否软化等。

四、建立严格防疫制度

（一）场区防疫制度

（1）鸡场大门随时关闭，大门口设消毒池。汽车消毒池长、宽、高分别为 3.5 m、2.5 m、0.3 m，两边为缓坡。人员消毒池长、宽、高分别为 1 m、0.5 m、0.08 m。人员、车辆必须消毒后方可进场。消毒液可用 3% 火碱水，每周更换 2 次。

（2）场区内要求无杂草、无垃圾，不准堆放杂物，每月用 3% 热火碱水泼洒场区地面 3 次。

（3）非饲养人员不得进入生产区。工作人员需经洗澡、更衣后方可进入生产区。

（4）生产区设有净道、污道，净道为送料和人行专道，污道为清粪和死鸡处理专道。

（5）场区道路两旁有排水沟，不积水，有一定坡度。

（6）不准带进活畜禽或畜禽产品。

（7）严禁在生产区解剖和处理病、死鸡。

（二）舍内防疫制度

（1）鸡舍门口设脚踏消毒池（长宽深分别为 0.6 m，0.4 m，0.08 m）或消毒盆，消毒液每天更换一次。工作人员进入鸡舍，必须洗手、脚踏消毒液、穿工作服和工作鞋。

（2）饲养人员应避免互相串舍。鸡舍内工具固定，不得互相串用，所有工具必须消毒后方可进舍。

（3）鸡舍坚持每周带鸡喷雾消毒 2～3 次，鸡舍工作间每天清扫一次，每周消毒一次。

（4）及时拣出死鸡、病鸡、残弱鸡，死鸡装入饲料袋内密封后焚烧或深埋，病鸡、残弱鸡隔离饲养。

（5）及时清理鸡粪，并作无害化处理。经常灭鼠，不让鼠药污染饲料和饮水。

（6）鸡舍空栏后，应马上对鸡舍进行彻底清除和消毒，鸡舍消毒程序为：清扫鸡舍→高压水枪冲洗鸡舍→用具浸泡清洗→干燥→消毒液喷洒→甲醛熏蒸消毒→空舍半月以上→进鸡前两天舍内外消毒。

（7）采取“全进全出制”饲养工艺。

五、免疫接种

（一）放养鸡免疫程序

传染性疾病是生态养鸡业的主要威胁，而免疫接种是预防传染病的有效手段。应在什么时期接种、接种什么样的疫苗，需要根据本场的实际情况，参考别人的成功经验，制定适合本场的免疫程序。生搬硬套别人现成的程序不一定能在本场获得最佳的免疫效果。放养鸡免疫程序见表 9-2，供参考。

表 9-2　放养鸡场推荐的免疫程序（参考）

<table>
<tr><th colspan="2">日龄</th><th>疫　苗</th><th>接种方法</th></tr>
<tr><td colspan="2">1</td><td>马立克氏疫苗</td><td>颈部皮下注射</td></tr>
<tr><td colspan="2">7</td><td>新城疫Ⅱ系＋传支 H_{120} 活疫苗</td><td>点眼、滴鼻</td></tr>
<tr><td colspan="2">14</td><td>弱毒法氏囊苗</td><td>滴口或饮水</td></tr>
<tr><td colspan="2">21</td><td>新城疫Ⅳ系＋传支 H_{52} 活疫苗</td><td>饮　水</td></tr>
<tr><td colspan="2">24</td><td>中等毒力法氏囊苗</td><td>饮　水</td></tr>
<tr><td colspan="2">30</td><td>禽流感油苗</td><td>颈部皮下注射</td></tr>
<tr><td colspan="2">35～40</td><td>鸡痘疫苗</td><td>翅膀内侧刺种</td></tr>
<tr><td colspan="2">60</td><td>新城疫Ⅰ系</td><td>饮　水</td></tr>
<tr><td>商品肉鸡</td><td>100～110</td><td>新城疫Ⅳ系或克隆-30</td><td>饮　水</td></tr>
<tr><td rowspan="5">产蛋鸡</td><td>105</td><td>传支 H_{52} 苗</td><td>饮　水</td></tr>
<tr><td rowspan="4">110～120</td><td>新支减三联油苗</td><td>肌内注射</td></tr>
<tr><td>禽流感油苗</td><td>肌内注射</td></tr>
<tr><td>鸡痘疫苗</td><td>翅膀内侧刺种</td></tr>
<tr><td>每隔 2 月饮 1 次新城疫克隆-30 或Ⅳ系</td><td></td></tr>
</table>

（二）合理保存疫苗

灭活苗及油乳剂灭活苗等应保存在 2～15 °C，防止冻结。弱毒活苗应在 0 °C 以下冻结保存。使用前，进行检查，凡是过期、无真空度的；无瓶签、瓶签残缺不全或字迹模糊不清的、瓶塞松动或瓶壁破裂的；疫苗变色、有异物、异味、发霉的；灭活苗油水分离的疫苗，均不可使用（见图 9-15）。

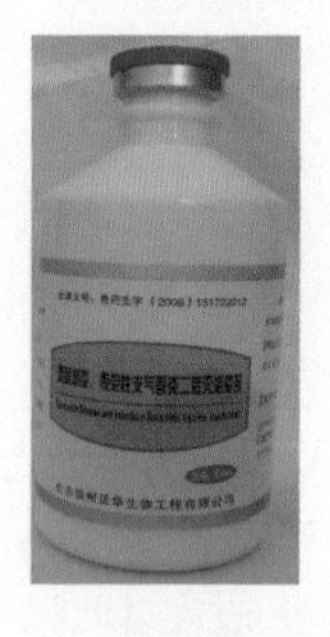

（a）灭活疫苗

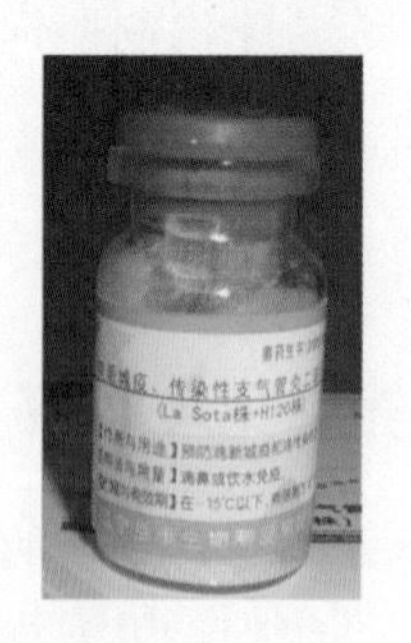

（b）冻干疫苗

图 9-15　疫苗

（三）疫苗的稀释

按瓶签或使用说明书说明，用疫苗专用稀释液或灭菌生理盐水、冷开水将弱毒冻干苗稀释开，立即接种（见图 9-16）。

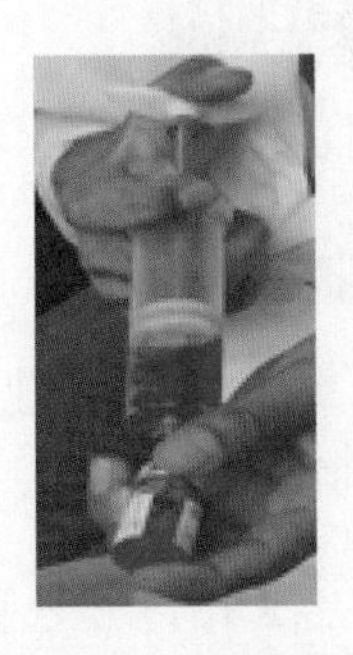

图 9-16 稀释疫苗

（四）免疫接种方法

（1）点眼、滴鼻法。一手握鸡，并用食指堵住下侧鼻孔，另一只手用滴管吸取疫苗，滴入上侧鼻孔或眼睑内，待鸡将疫苗吸入后，方可放鸡（见图 9-17）。

（2）刺种法。展开鸡的翅膀内侧，暴露三角区皮肤，避开血管，用刺种针或蘸水笔尖蘸取疫苗刺入皮下（见图 9-18）。

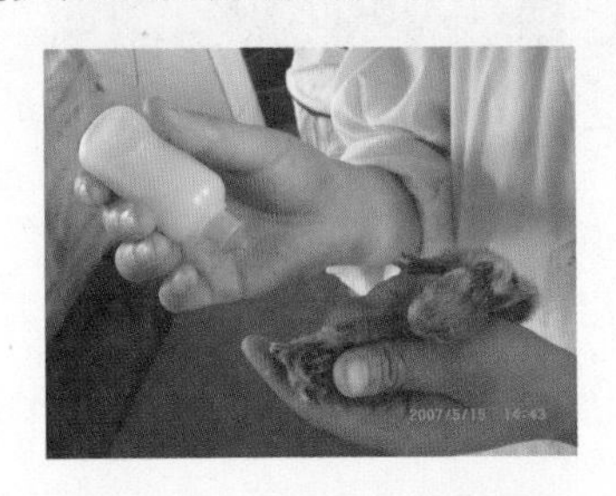

图 9-17 点眼、滴鼻法

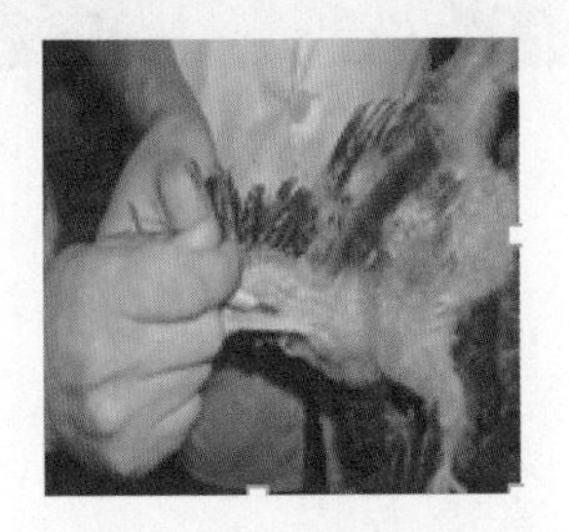

图 9-18 刺种法

（3）注射法。皮下注射时，用食指和拇指将颈背侧皮肤捏起，由两指间进针，针头方向向后下方，与颈椎基本平行，雏鸡插入深度为 0.5 ~ 1 ml，成鸡为 1 ~ 2 ml。肌肉注射时，可选择胸肌发达部位和外侧腿肌注射，胸肌注射时应斜向前入针，防止刺入胸、腹腔引起死亡（见图 9-19）。

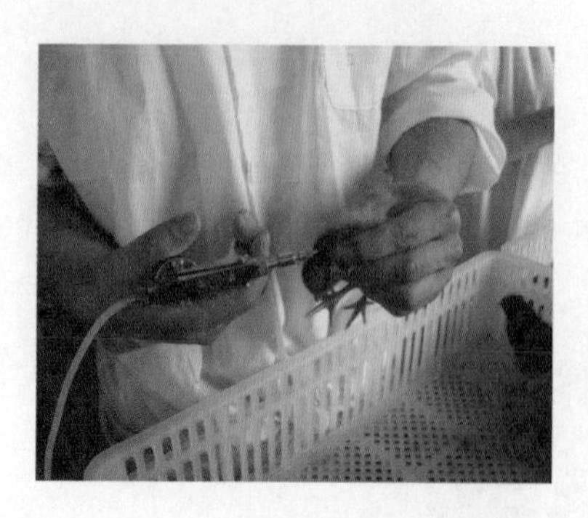

（a）颈部皮下注射

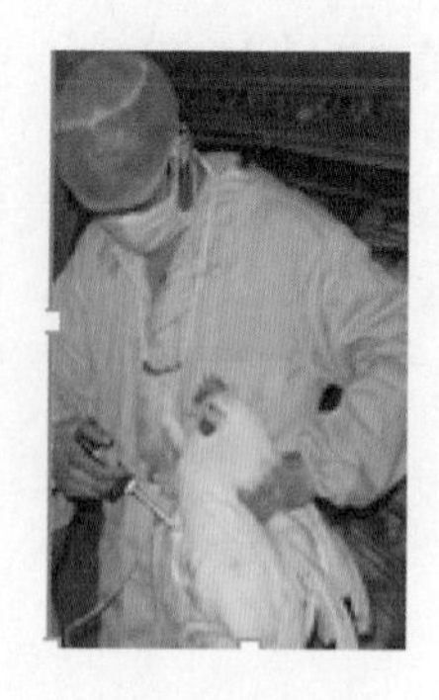

（b）胸肌注射

图 9-19　注射法

（4）饮水法。停水 2～4 h 后，用冷开水稀释疫苗，疫苗用量加倍，加入 0.15% 脱脂奶粉作保护剂，让鸡在 2 h 内饮完疫苗水（见图 9-20）。

（5）气雾法。适合于 60 日龄以上的鸡，疫苗用量一般加倍。喷雾枪距离鸡头上方约 50 cm 喷雾疫苗。喷完后，停留 20～30 min 方可开门窗通风换气（见图 9-21）。

图 9-20　饮水免疫法

图 9-21　气雾免疫法

六、卫生消毒

（一）消毒方法

（1）物理消毒。通过清扫、洗刷、通风、高温、阳光、紫外线等方法杀灭或清除病原微生物的方法，不能达到彻底消毒的目的。

（2）化学消毒。通过清洗、浸泡、喷洒、熏蒸等方法，用化学药物杀灭病原体。只能外用或环境消毒。不同消毒环境选择不同的消毒剂和消毒方法。

（3）生物消毒。利用生物学方法消灭病原微生物，如将鸡粪堆积发酵。

（二）常用消毒剂（见表9-3）

表9-3 消毒剂的种类及应用

药 名	作 用	用 法	浓 度
氢氧化钠（烧碱、火碱）	对细菌、病毒和寄生虫卵均有杀灭作用	冲洗地面、污染鸡场突击性消毒	1%～3%
甲醛溶液（福尔马林）	强氧化剂，能杀灭细菌繁殖体、芽孢、真菌和病毒	① 浸泡器械 ② 喷洒消毒 ③ 熏蒸消毒	2% 2%～4% 加热或与高锰酸钾配合
生石灰（氧化钙）	对大多数繁殖体有杀灭作用，但对芽孢和某些细菌如结核杆菌效果差	粉刷墙面、屋顶、地面，鸡舍门口和粪便排泄物消毒	10%～20%乳剂
漂白粉	能杀灭各种细菌、芽孢、真菌和病毒	① 喷洒消毒 ② 鸡舍、车辆消毒 ③ 饮水消毒	5%～10% 10%～20% 4～8 g/m^3水
过氧乙酸	对细菌繁殖体、芽孢、真菌和病毒均有杀灭作用	① 饮水消毒 ② 浸泡消毒 ③ 带鸡喷雾消毒 ④ 喷洒鸡舍地面、墙壁 ⑤ 空气熏蒸消毒	0.1% 0.04%～0.2% 0.3% 0.5% 4%～5%
次氯酸钠	有强大的杀菌消毒作用	带鸡消毒	0.3%（50 ml/m^3）
高锰酸钾	强氧化剂，具有抗菌除臭作用	① 饮水消毒、黏膜消毒 ② 浸泡、洗刷用具 ③ 熏蒸消毒	0.1% 2%～5% 与甲醛配合
来苏儿	对皮肤无刺激性，对一般病原微生物有良好的杀灭效果	① 皮肤消毒 ② 鸡舍喷洒消毒	1%～2% 3%～5%
复合酚（消毒灵）	对各种致病性细菌、霉菌、病毒、寄生虫卵均有杀灭作用	喷洒、清刷鸡舍地面、墙壁、笼具、饲饮用具	0.3～1%

续表 9-3

药名	作用	用法	浓度
新洁尔灭	能杀灭多数细菌，但对病毒、霉菌及细菌、芽孢作用弱，有去污作用	① 洗手、浸泡种蛋和器具 ② 鸡舍空间喷雾消毒	0.05%～0.1% 0.15%～2%
百毒杀	对多种细菌、病毒、真菌均有杀灭作用	① 饮水消毒 ② 带鸡消毒 ③ 鸡舍、用具和孵化室消毒	0.01% 0.03% 0.1%～0.3%
碘酒（碘酊）	70%～75% 浓度杀菌最强，对芽孢无效	皮肤消毒药	
碘甘油	对细菌、真菌、病毒均有杀灭作用	口炎、咽炎和病变皮肤等局部的涂擦	
酒精（乙醇）	75% 酒精溶液对细菌、真菌、病毒均有杀灭作用	注射针头、注射部位、擦拭皮肤局部、医疗器械等的消毒	

（三）消毒程序

1. 鸡舍的消毒

鸡群转出后要彻底消毒，空鸡舍消毒的程序通常是粪污清除→高压水枪冲洗→消毒剂喷洒→干燥后甲醛熏蒸消毒或火焰消毒→再次喷洒消毒剂→清水冲洗，并空舍至少 2 周后，方可进鸡。

2. 设备用具的消毒

料槽、饮水器先用清水冲刷，再用 0.1% 新洁尔灭刷洗消毒，最后与空鸡舍一起熏蒸消毒。蛋托、蛋箱用 2% 苛性钠热溶液浸泡与洗刷。

3. 环境消毒

消毒池用 2% 苛性钠溶液，每天换一次。生产区道路每天用 0.2% 次氯酸钠溶液喷洒一次。

（a）车辆消毒池

（b）脚踏消毒池

（c）场区道路消毒

图 9-22　环境消毒

4. 带鸡消毒

选用无毒无刺激的消毒剂，稀释后，用电动喷雾装置，每 1 m^2 地面喷 60 ~ 180 ml，每隔 1 ~ 2 天喷一次。当鸡群发生传染病时，每天消毒 1 ~ 2 次，连用 3 ~ 5 天，可以有效杀灭和减少鸡舍内空气中飘浮的病毒与细菌，使鸡体体表清洁，沉降鸡舍内漂浮的尘埃，抑制氨气的发生和吸附氨气，净化空气（见图 9-23）。

图 9-23　带鸡喷雾消毒

七、药物防治

（一）无公害食品肉鸡饲养中允许使用的药物

1. 无公害食品肉鸡饲养中允许使用的药物见表 9-4、表 9-5

2. 肉鸡整个饲养期禁止使用药物（供参考）

克球粉、尼卡巴嗪（球虫净）、螺旋霉素、灭霍灵、喹乙醇、甲砜霉素、恶喹啉、氨丙啉、磺胺喹恶啉、磺胺二甲基嘧啶、磺胺嘧啶、磺胺间甲氨嘧啶、磺胺-5-甲氧嘧啶、甲酚、苯酚类消毒剂、人工合成激素。

表 9-4　无公害食品肉鸡饲养中允许使用的药物饲料添加剂（NY5035-2001）

类别	药品名称	用　量	休药期/天
抗菌药	阿美拉霉素	5～10 g/t	0
	杆菌肽锌	以杆菌肽计 4～40 g/t，16 周龄以前使用	0
	杆菌肽锌＋硫酸黏杆菌素	2～210 g/t＋0.4～4 g/t	7
	盐酸金霉素	20～50 g/t	7
	硫酸黏杆菌素	2～20 g/t	7
	恩拉霉素	1～5 g/t	7
	黄霉素	5 g/t	0
	吉他霉素	促生长，5～10 g/t	7
	那西肽	2.5 g/t	3
	牛至油	促生长，1.25～12.5 g/t 预防，11.5 g/t	0
	土霉素钙	混饲 10～50 g/t，10 周龄以下使用	7
	维吉尼亚霉素	5～20 g/t	1
抗球虫病	盐酸氨丙啉＋乙氧酰胺苯甲脂	125 g/t＋8 g/t	3
	盐酸氨丙啉＋乙氧酰胺苯甲脂＋磺胺喹恶啉	100 g/t＋5 g/t＋60 g/t	7
	氯羟吡啶	125 g/t	5
	复方氯羟吡啶粉	102 g/t＋8.4 g/t	7
	地克珠利	1 g/t	
	二硝托胺	125 g/t	3
	氢溴酸常山酮	3 g/t	5
	拉沙洛西钠	75～125 g/t	3
	马杜霉素铵	5 g/t	5
抗球虫病	莫能霉素	100～120 g/t	5
	甲基盐霉素	60～80 g/t	5
	甲基盐霉素＋尼卡巴嗪	30～50 g/t＋30～50 g/t	5
	尼卡巴嗪	20～25 g/t	4
	尼卡巴嗪＋乙氧酰胺苯甲酯	125 g/t＋8 g/t	9
	盐酸氯苯胍	30～60 g/t	5
	盐霉素钠	60 g/t	5

表 9-5 无公害食品肉鸡饲养中允许使用的药物（NY-5035-2001）

类别	药品名称	剂 型	用法与用量（以有效成分计）	休药期/天
抗菌药	硫酸安普霉素	可溶性粉	混饮，0.25～0.5 g/L，连饮 5 天	7
	亚甲基水杨酸杆菌肽	可溶性粉	混饮，预防 25 ml/L 治疗，50～100 ml/L，连用 5 天	1
	硫酸黏杆菌素	可溶性粉	混饮，20～60 mg/L	7
	甲磺酸达氟沙星	溶 液	20～50 ml/L，1 次/天，连用 3 天	
	盐酸二氟沙星	粉剂、溶液	内服、混饮，每千克体重 5～10 mg，2 次/天，连用 3～5 天	1
	恩诺沙星	溶 液	混饮，25～75 mg/L，2 次/天，连用 3～5 天	2
	氟苯尼考	粉 剂	内服，每千克体重 20～30 mg，2 次/天，连用 3～5 天	暂定 30
	氟甲喹	可溶性粉	内服，每千克体重 3～6 mg，2 次/天，连用 3～4 天	
	吉他霉素	预混剂	100～300 g/t，连用 5～7 天，不得超过 7 天	7
	酒石酸吉他霉素	可溶性粉	混饮，250～500 mg/L，连用 3～5 天	7
	牛至油	预混剂	22.5 g/t，连用 7 天	
	金荞麦散	溶 液	治疗：混饲 2 g/kg 预防：混饲 1 g/kg	0
	盐酸沙拉沙星	溶 液	20～50 mg/L，连用 3～5 天	
	复方磺胺氯哒嗪钠	粉 剂	内服，每千克体重 20 mg 磺胺氯哒嗪钠加 4 mg 甲氧苄啶连用 3～6 天	1
	延胡索酸泰妙菌素	可溶性粉	混饮，125～250 mg/L，连用 3 天	
	磷酸泰乐菌素	预混剂	混饲，26～53 g/t	5
	酒石酸泰乐菌素	可溶性粉	混饮，500 mg/L，连用 3～5 天	1
抗球虫病药	盐酸氨丙啉	可溶性粉	混饮，48 g/L，连用 5～7 天	7
	地克珠利	溶 液	混饮，0.5～1 mg/L	
	磺胺氯吡嗪钠	可溶性粉	混饮，300 mg/L 混饲，600 g/t，连用 3 天	1
	越霉素 A	预混剂	混饲，20 g/t	3
	芬苯哒唑	粉 剂	内服，每千克体重 10～50 mg	
	氟苯咪唑	预混剂	混饲，30 g/t，连用 4～7 天	14
	潮霉素 B	预混剂	混饲，8～12 g/t，连用 8 周	3
	妥曲珠利	溶 液	混饮，25 mg/L，连用 2 天	

3. 无公害食品鸡肉饲养过程中阶段使用药（供参考）

30日龄内可用如下磺胺药物（30日龄后禁用）：磺胺二甲氧嘧啶（SDM）、复方敌菌净、磺胺二甲基嘧啶（SM2）、复方新诺明。送宰前14天禁止用的药：青霉素、卡那霉素、氯霉素、链霉素、庆大霉素、新霉素。宰前14～7天根据病情可继续选用如下药物：土霉素、强力霉素（多西环素）、北里霉素、四环素、红霉素、痢特灵（呋喃唑酮）、金霉素、环乐霉素、快育灵、百病消、氟哌酸（诺氟沙星）、禽菌灵、痢菌净、环丙沙星、大蒜素。送宰前7天，必须停用一切药物。

第十章 生态养鸡常见疾病的防治

一、传染病

1. 禽流感

【流行特点】 病原是 A 型流感病毒，目前发现的高致病性禽流感是 H5 和 H7 亚型，以冬季最为严重。

【主要症状及病变】 体温 44 °C，食欲下降，流鼻水、流眼泪、排绿色稀粪等症状，面部水肿，呼吸困难，伸颈甩头，冠和肉呈紫黑色，下痢，脚鳞变紫。剖检可见眼睛有干酪样物质填充，腺胃乳头出血，腹膜炎，体内有灰黄色小坏死灶，黏膜、浆膜广泛出血，十二指肠和心外膜严重出血，盲肠扁桃体肿大出血（见图 10-1）。

【防治】 尚无特效药，灭活疫苗免疫接种预防。一旦确诊为高致病性禽流感，应就地全部扑杀焚烧。

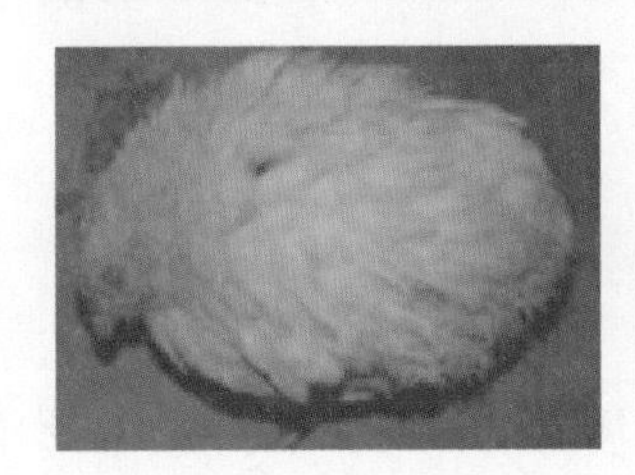

（a）精神萎靡

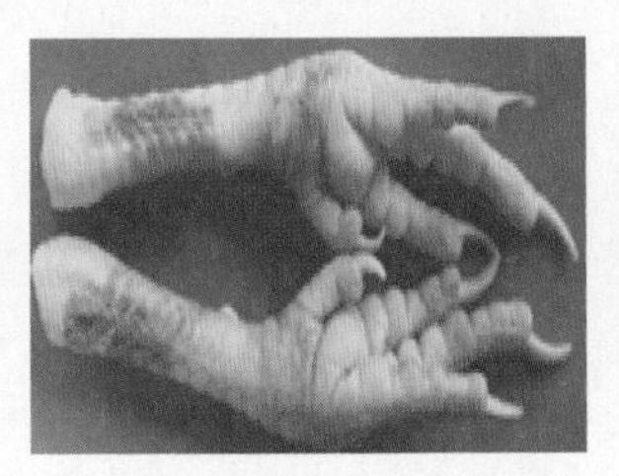

（b）脚鳞变紫

（c）腺胃乳头出血

图 10-1 禽流感症状

2. 鸡新城疫

【流行特点】 本病俗称“鸡瘟”，是由鸡新城疫病毒引起，雏鸡比成年鸡易感性高，以呼吸道和神经症状为特征。

【主要症状及病变】 患病雏鸡呼吸困难，发出咕咕声，口流黏液，嗉囊内充满酸臭黏液，倒提病鸡，可从口腔中流出，排绿色粪便，有歪头，扭颈或站立不稳等神经症状。剖检可见腺胃乳头出血（本病特征），肠道弥漫性出血，盲肠扁桃体肿大、溃疡，雏鸡死亡率高。成年鸡症状不是很典型，主要发生于免疫水平偏低或免疫力不整齐的鸡群，产蛋急剧下降或有腹泻症状（见图 10-2）。

【防治】 抗生素无效，主要是作好免疫接种来预防发病。发病后用新城疫疫苗紧急接种，用Ⅵ系苗 2 倍量点眼、滴鼻，同时肌肉注射油乳剂苗 1 头份，一周左右即可控制住病情。对于早期病鸡和可疑病鸡，用新城疫高免血清或卵黄抗体进行注射也能控制本病的发展，待病情稳定后再用疫苗接种。

（a）观星状

（b）呼吸困难

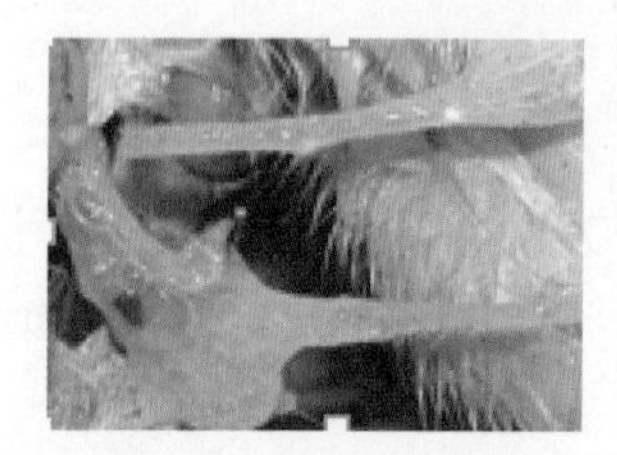

（c）嗉囊内酸臭黏液

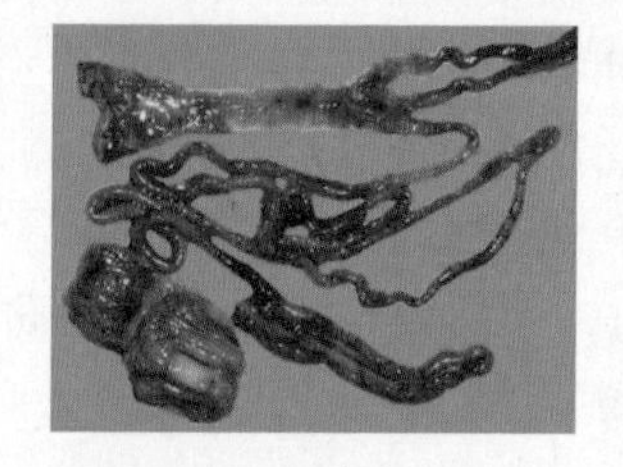

（d）肌胃、腺胃、肠道出血

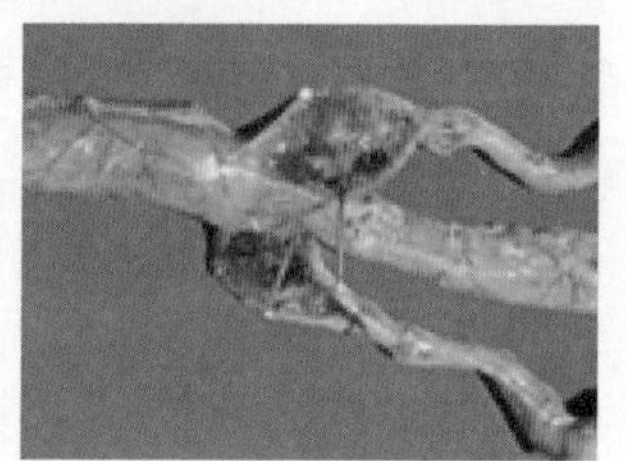

（e）盲肠扁桃体出血

图 10-2 新城疫症状

3. 鸡马立克氏病

【流行特点】 本病是由鸡马立克氏病病毒引起的肿瘤性疾病，增生的淋巴细胞侵入鸡的内脏器官、神经干、皮肤、肌肉和眼，以形成肿瘤为特征，以 2 ~ 5 月龄的鸡发病率高。

【主要症状及病变】 内脏型：最为常见，病鸡食欲退减，鸡冠或肉髯苍白或萎缩，发育健康的育成鸡急性死亡。剖检可见肝、脾、肾、心、卵巢出现大小不等的灰白色肿瘤。

神经型：病鸡一只腿向前一只腿向后的姿势（劈叉状），最后因衰竭而死。剖检时受侵害的神经肿胀增粗，横纹消失，呈灰黄色或灰白色，水煮状。

皮肤型：皮肤、肌肉上可见肿瘤结节，毛囊肿大，脱毛，严重感染，小腿皮肤异常红（见图 10-3）。

【防治】　无特效药治疗，雏鸡出壳后立即接种马立克氏病疫苗预防。

（a）神经麻痹

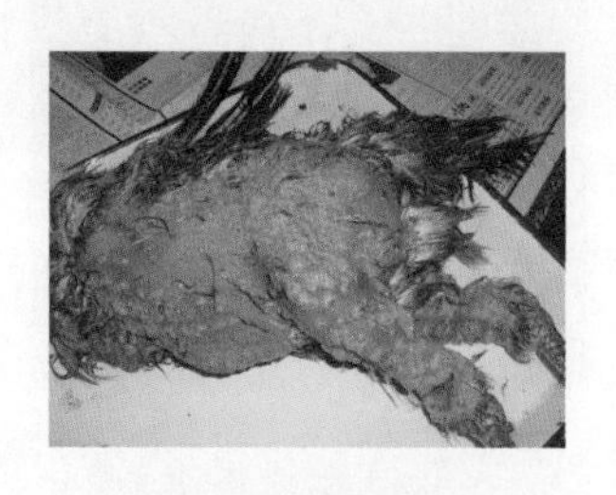

（b）毛囊肿瘤性增生

（c）肝脏肿瘤

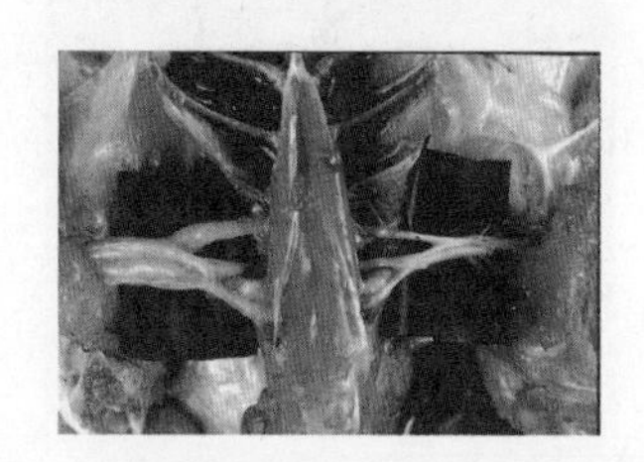

（d）单侧坐骨神经变粗

图 10-3　鸡马立克氏病症状

4. 鸡传染性支气管炎

【流行特点】　本病是由传染性支气管炎病毒引起的以呼吸道症状、产蛋下降或肾脏病变为主要特征的疾病。雏鸡易感性强，冬季发病最为严重。

【主要症状及病变】　呼吸型：病鸡呼吸困难，喘息、咳嗽、打喷嚏、呼吸时有“咕噜”气管啰音（夜间容易听清），窒息而死。成年鸡产蛋量下降，并产软壳蛋、畸形蛋或粗壳蛋，蛋白稀薄如水样。剖检可见鼻腔、眶下窦、气管、支气管中有浆液性、黏液性或干酪样的渗出物。产蛋母鸡可见卵黄性腹膜炎，腹腔内可发现液体状的卵黄物质，卵泡充血、出血、变形、输卵管缩短。

肾型：病鸡轻微呼吸道症状，急剧下痢，拉白色水样粪便，粪便中含大量白色石灰乳样尿酸盐。病程 20 ~ 30 天，因脱水而死亡。剖检可见肾脏肿大苍白，呈花斑肾，肾小管和输尿管内充满白色的尿酸盐（见图 10-4）。

【防治】　尚无特效药，疫苗接种是预防的主要措施。发生肾型传支时，用各种肾肿药（如肾肿灵、肾肿解毒药）等对症治疗，以加速肾中尿酸盐的排出。

（a）呼吸困难

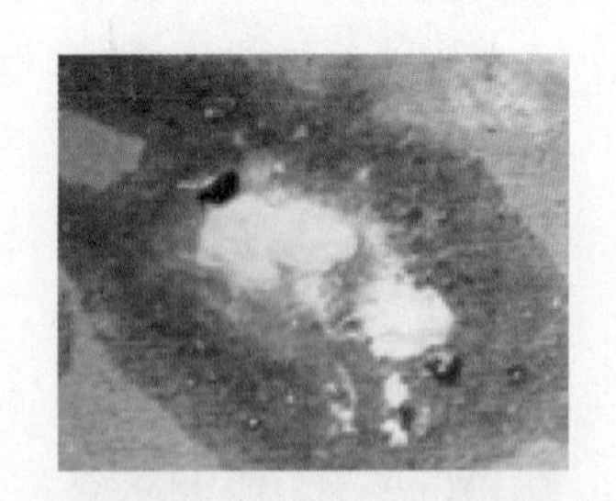

（b）下痢

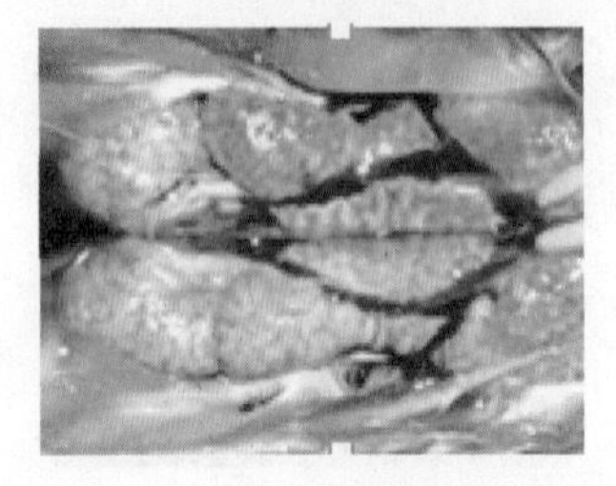

（c）花斑肾

（d）气管出血

图 10-4　传染性支气管炎症状

5. 鸡传染性法氏囊炎

【流行特点】　本病是由呼肠弧病毒引起的青年鸡的一种急性、接触性传染病，以法氏囊肿大、肾脏损害为主要特征，4～6 周龄的鸡最易感。

【主要症状及病变】　精神不振、厌食，少数鸡调头啄肛，腹泻，排出米汤样白色稀粪，脱水严重，脚爪干燥，最后极度衰竭死亡。死亡高峰在发病后第 3～4 天。剖检可见病死鸡胸肌、腿肌出血，法氏囊膜肿胀、出血，严重者呈紫色葡萄状，感染 5 天后法氏囊萎缩，呈灰黑色。肾肿大苍白，呈斑纹状，输尿管中有尿酸盐沉积。腺胃和肌胃交界处黏膜出血、溃疡。盲肠扁桃体出血肿大（见图 10-5）。

（a）精神不振，稀粪

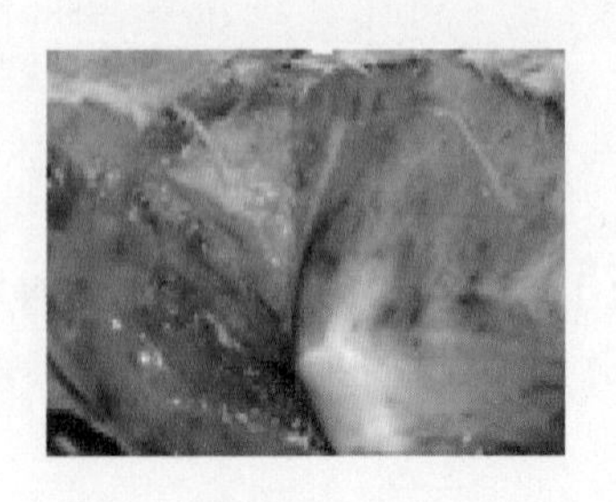

（b）肌肉出血

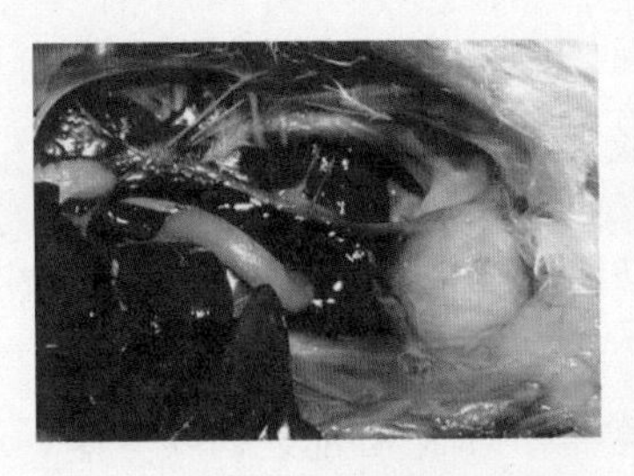

（c）法氏囊肿胀

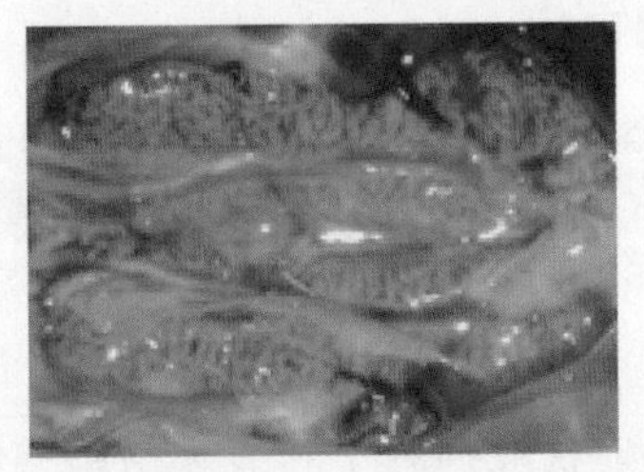

（d）花斑肾

图 10-5　鸡传染性法氏囊炎症状

【防治】　无特效治疗方法，免疫接种是预防的关键措施。发病早期肌肉注射高免血清或卵黄抗体，待鸡群停止死亡后接种传染性法氏囊病活疫苗，同时配合使用各种肾肿解毒药、提高育雏温度、降低饲料蛋白质含量、饮糖水等措施。

6. 鸡　痘

【流行特点】　本病是由鸡痘病毒引起，以蚊子活跃的夏秋季最易发，通过皮肤损伤传染。

【主要症状及病变】　皮肤型鸡痘以雏鸡多发，在头部无羽毛部如冠、肉髯、眼睑、口角等处发生一种灰白色小结节，并形成大的痘痂，眼睑发生痘痂时，眼缝完全闭合。白喉型鸡痘在口腔、咽喉黏膜发生白色的圆形痘疹，引起呼吸困难，发出“嘎嘎”的声音，严重时窒息而亡（见图 10-6）。

【防治】　无特效药治疗。接种鸡痘鹌鹑化弱毒疫苗预防。治疗时可剥除痂皮，或用镊子除去假膜，涂碘甘油。眼部肿胀的，可用硼酸溶液洗净，再滴 1～2 滴氯霉素眼药水。

（a）皮肤型鸡痘

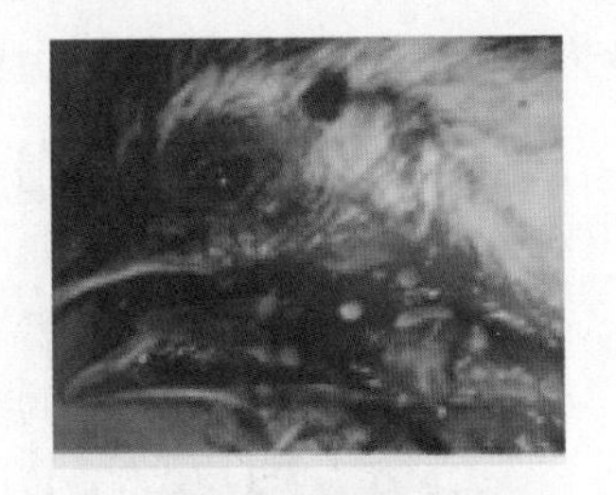

（b）白喉型鸡痘

图 10-6　鸡痘症状

7. 鸡白痢

【流行特点】 鸡白痢是由鸡沙门氏菌引起的一种传染病，主要侵害雏鸡，发病率和死亡率都很高。成年鸡也会感染，但症状轻或不明显，主要侵害卵巢、卵泡、输卵管和睾丸等器官。本病的潜伏期为 4 ~ 5 天，雏鸡在 5 ~ 6 日开始发病，第 2 ~ 3 周是发病和死亡的高峰。

【主要症状及病变】 表现为精神萎靡，羽毛脏乱，两翼下垂，缩头颈，不吃不动，由于体温升高怕冷寒战，常挤在一起或呆立一旁。排出有恶臭的白色糊状稀粪粘在肛门四周的羽毛上，结成块状，甚至堵住肛门，排不出粪便，发出吱吱的尖叫声，若病菌侵入肺部，引起肺炎，病鸡呼吸困难，张口喘气，病后常因虚弱衰竭死亡。成年鸡感染本病后一般无明显病症。剖检可见肝肿大，呈土黄色，胆囊扩张，脾肿大，卵黄吸收不良，肺、心肌、肝、脾、肌胃、小肠有隆起的坏死结节，盲肠有干酪样物质。成年鸡多呈隐性感染，母鸡产蛋率和受精率降低，有的因卵黄囊炎引起腹膜炎（见图 10-7）。

【防治】 育雏是关键，要尽量购进无白痢病的鸡苗，严格消毒，鸡舍做好地面、用具、饲草、笼具、饮水器等的清洁消毒。加强雏鸡的饲养管理，严格控制温度、湿度、通风、光照，发现糊肛鸡应及时隔离或淘汰。育雏头几天可在饮水中适当加入恩诺沙星预防，发病时用复方禽菌灵、强效环丙沙星、氟哌酸、庆大霉素等药物治疗，效果较好。

（a）精神沉郁

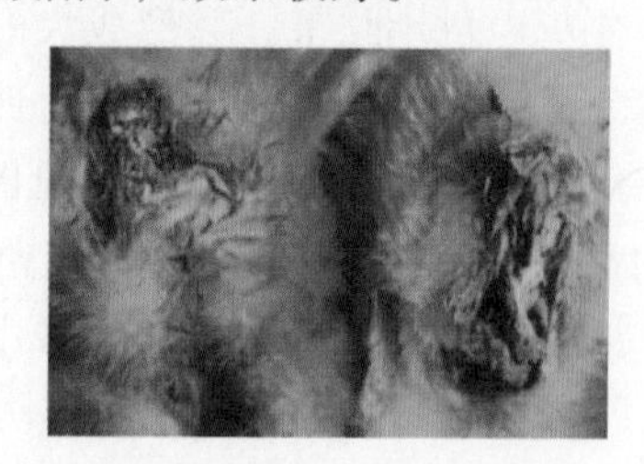

（b）糊肛

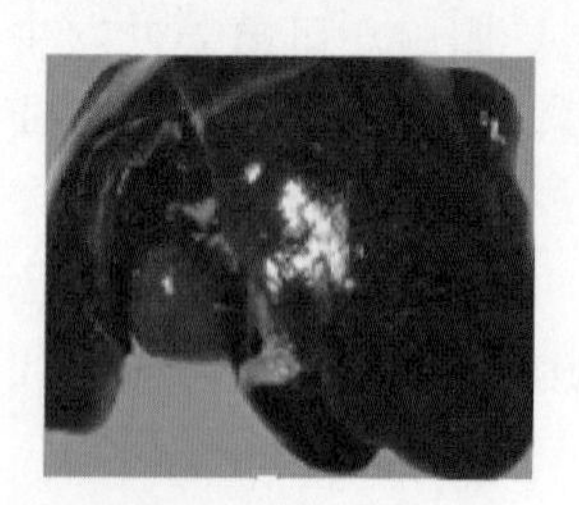

（c）肝肿大、坏死点

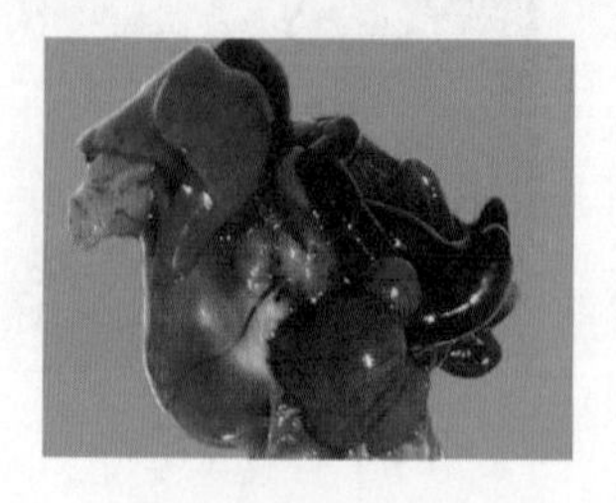

（d）卵黄吸收不良

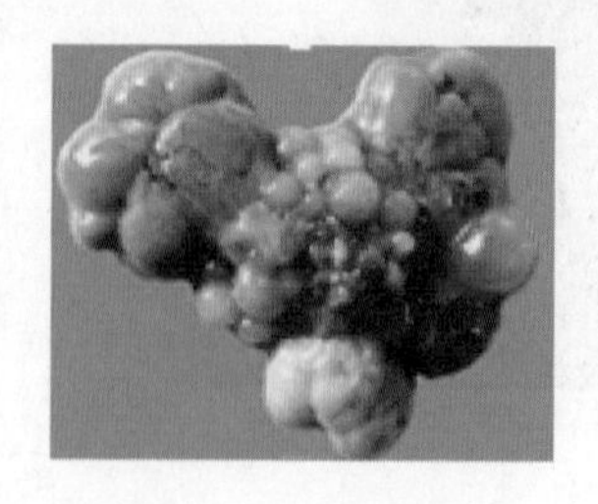

（e）卵泡萎缩、变形

图 10-7 鸡白痢症状

8. 鸡大肠杆菌病

【流行特点】 本病是由致病性大肠埃希氏杆菌引起的传染病。各种日龄的鸡都能发生，多见于雏鸡和 6 ~ 10 周龄幼鸡，临床上以继发感染为主，常与鸡传染性法氏囊、慢呼、白痢、新城疫、腹水症等混合感染。

【主要症状及病变】 常见的病型有胚胎和幼鸡死亡、气囊炎、急性败血症、肉芽肿、心包炎、卵黄性腹膜炎等。主要表现为急性败血症和气囊炎、肺炎、肠炎等。病鸡表现精神萎靡、羽毛脏乱、缩颈呆立、下痢或腹泻，有时出现呼吸困难，锣音，咳嗽，粪便黄色、绿色或灰白色。剖解病变主要是内脏实质器官充血、出血和变性，常附有一些白色纤维素膜，脾脏肿大呈紫红色，纤维素性心包炎，心包液混浊，腹膜发炎，气囊壁增厚、混浊，有的鸡关节肿大。发生输卵管炎时，输卵管变薄，管内充满恶臭干酪样物，阻塞输卵管，使排出的卵落到腹腔内而引发腹膜炎。

【防治】 本病应以预防为主，搞好环境卫生，加强饲养管理，搞好鸡传染性法氏囊病、新城疫等病的预防，能减少或降低本病的危害。在育雏期适当在饲料中添加抗生素有利于控制本病。大肠杆菌对药物易产生耐药性，在治疗前最好做药敏试验，选择敏感药物进行治疗，并注意交替用药，药量应充足，保证连续用药，使药的有效浓度在机体内维持一定时间。

（a）精神沉郁

（b）卵黄性腹膜炎

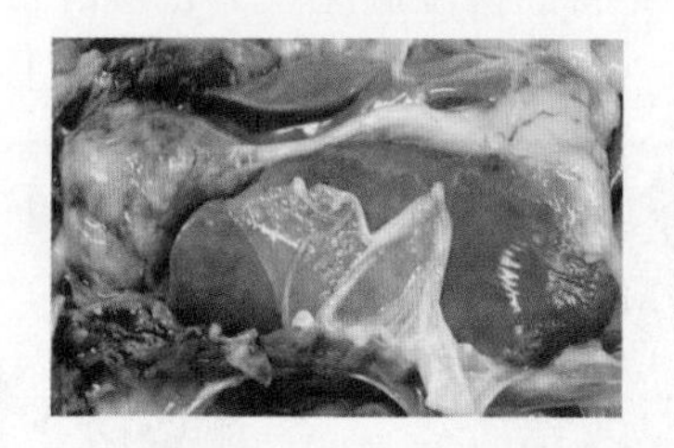

（c）纤维素性肝周炎

（d）气囊炎

图 10-8　鸡大肠杆菌病症状

9. 鸡慢性呼吸道疾病

【流行特点】 病原是鸡毒支原体，以 4～8 周龄易感，冬季多发，发病率高，但死亡率不定。

【主要症状及病变】 咳嗽、流鼻涕、呼吸时有啰音，常与大肠杆菌混合感染，死亡率增高。剖检可见鼻道、气管、支气管及气囊有浑浊黏稠的渗出物，气囊变厚混浊，气囊壁上出现干酪样渗出物，如有大肠杆菌混合感染时，可见心包炎和肝周炎（见图 10-9）。

【防治】 泰乐菌素、泰妙菌素、强力霉素、北里霉素、红霉素、恩诺沙星、链霉素、红霉素治疗有效。

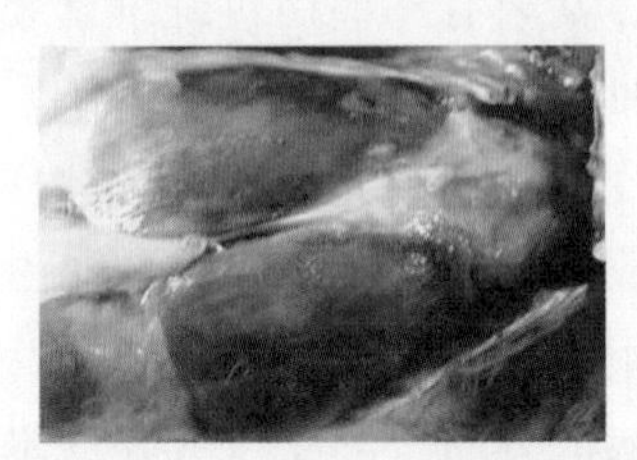

图 10-9 肝表面覆盖渗出物

二、寄生虫病

1. 鸡球虫病

【流行特点】 病原是艾美耳属球虫，是一种常见肠道寄生虫病，4～6 周龄发病率最高，特别是地面平养的鸡易发。

【主要症状及病变】 患鸡精神萎靡，食欲减退，羽毛脏乱，闭目呆立，翅膀下垂，消瘦，重症者贫血，鸡冠和面部苍白，1～2 天即可发生死亡，最具诊断特征的症状是排带血的粪便。剖检可见盲肠高度肿胀，为正常的 3～5 倍，出血严重，肠腔内充满血液，小肠充血、出血和坏死，肠壁增厚（见图 10-10）。

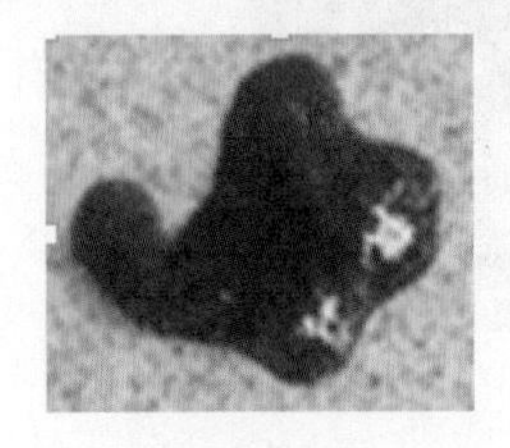

（a）血粪

（b）鸡消瘦

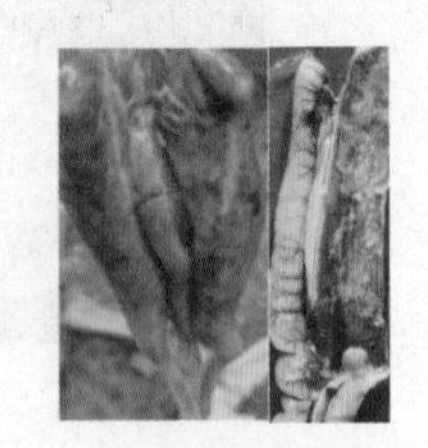

（c）盲肠肿胀、出血

图 10-10 球虫病症状

【防治】 平时勤换垫料，保持地面和垫料干燥。防止饲料和饮水被粪便污染，用消毒液带鸡消毒。发病时可用抗球虫药物进行治疗，全群用药，注意经常更换球虫药，避免产生抗药性。

2. 鸡绦虫病

【流行特点】 鸡绦虫病是由赖利属的多种绦虫寄生于鸡的十二指肠中引起的，17～40 日龄的雏鸡易感性最强，死亡率也最高。

【主要症状及病变】 病鸡食欲不振，精神沉郁，生长发育缓慢，羽毛松乱，双翅下垂，鸡冠苍白，贫血，极度衰弱，两足常发生瘫痪，不能站立，最后因衰竭而死亡。剖检可以从小肠内发现虫体，肠黏膜出血、增厚，肠道炎症，肠道有灰黄色的结节，其内可找到虫体或黄褐色干酪样栓塞物。

【防治】 防治关键是消灭中间宿主，从而中断绦虫的生活史。经常清扫鸡舍，及时清除鸡粪，做好防蝇灭虫工作。幼鸡与成鸡分开饲养，采用“全进全出”制。定期进行药物驱虫，建议在 60 日龄和 120 日龄各预防性驱虫一次。

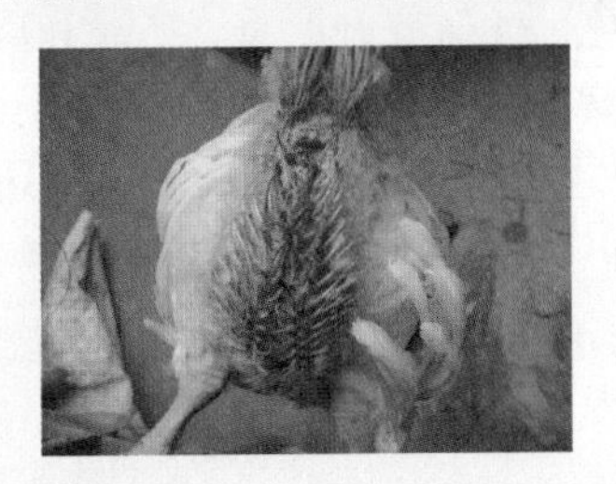

图 10-11　绦虫病症状

3. 蛔虫病

【流行特点】 鸡蛔虫病是一种常见的肠道寄生虫病。蛔虫可以在鸡体内交配、产卵，虫卵可以在鸡体内生长也可以随粪便被排出体外，地面上的虫卵被鸡啄食后进入体内造成鸡群感染。3 月龄以下的雏鸡最易感染。

【主要症状及病变】 幼鸡患病表现为食欲减退，生长迟缓，呆立少动，消瘦虚弱，粘膜苍白，羽毛松乱，两翅下垂，胸骨突出，下痢和便秘交替，有时粪便中有带血的粘液，以后逐渐消瘦而死亡。成年鸡一般为轻度感染，严重感染的表现为下痢、日渐消瘦、产蛋下降、蛋壳变薄。剖检时小肠内常发现大小如细豆芽样的线虫，堵塞肠道。虫体少则几条，多则数百条。肠黏膜发炎、水肿、充血（见图 10-12）。

【防治】 做好鸡舍内外的清洁卫生工作，料槽等用具经常清洗并且用开水消毒。蛔虫卵在 50 °C 以上很快死亡，粪便经堆沤发酵可以杀死虫卵，鸡群每年进行 1～2 次服药驱虫。口服左旋咪唑片剂治疗有效。

图 10-12　鸡蛔虫病症状

4. 鸡住白细胞原虫病

【流行特点】　鸡住白细胞原虫病是由住白细胞原虫引起的以出血和贫血为特征的寄生虫病，传播媒介是库蠓和蚋，通过叮咬而传播。当气温在 20 °C 以上时，库蠓和蚋繁殖快，活力强，本病发生和流行也就日趋严重。

【主要临床症状及病变】　病鸡食欲不振，精神沉郁，流涎、下痢，粪便呈青绿色。病鸡贫血严重，鸡冠和肉髯苍白，有的可在鸡冠上出现圆形出血点，所以本病亦称为“白冠病”。剖检可见全身性出血，皮下出血，肌肉出血，内脏器官广泛出血。胸肌、腿肌、心肌以及肝、脾等实质器官常有针尖大至粟粒大的白色小结节，肝脾肿大（见图 10-13）。

【防治】　可用 0.1% 除虫菊脂喷洒，杀灭蠓的成虫。安装细孔的纱门、纱窗防止库蠓进入。用复方泰灭净、磺胺喹噁啉、可爱丹药物预防或治疗。

图 10-13　鸡住白细胞原虫病症状

三、普通病

1. 鸡羽虱

【流行特点】　鸡羽虱是由羽虱寄生于鸡体表引起的以羽毛脱落和病鸡消瘦、贫血为特征的寄生虫病。通过直接接触传播，也可经污染的用具感染。大都寄生在鸡的肛门下面，胸、背、翅膀下面也有。

【主要临床症状及病变】 病鸡出现瘙痒、不安等症，影响休息和睡眠，严重时体重减轻，消瘦和贫血，幼雏生长发育受阻甚至死亡。羽虱咬食羽毛致使羽毛受损、脱落，受损的羽毛根部可见大量的虱卵。成年鸡产蛋量下降，有时还可见皮肤上形成痂皮，皮下有出血（见图 10-14）。

【防治】 撒粉法治疗：用 0.5% 敌百虫、5% 氟化钠、2% ~ 3% 的除虫菊酯或 5% 硫黄粉等装在两层纱布的小袋内，把药粉撒到鸡体的各个部位，并搓擦羽毛，使药粉分布均匀。撒搓后用手拍打鸡体，去掉多余的药粉。沙浴法治疗：将 5% 硫黄粉、3% 除虫菊酯等与细沙拌匀，让病鸡沙浴，隔 10 天左右再重复一次。同时对圈舍、环境和所有用具等喷洒灭虱药彻底灭虱；阿维菌素或伊维菌素拌料，连用 3 天，停 2 天，再用 3 天。

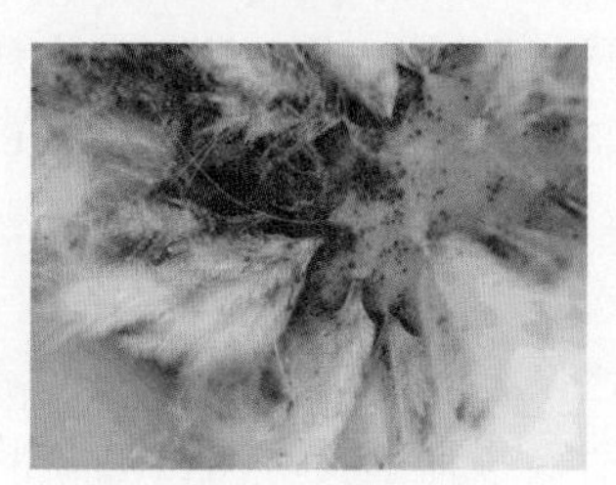

图 10-14 鸡羽虱症状

2. 禽鳞足螨病

【流行特点】 禽鳞足螨病是由鳞足螨寄生于腿部鳞片下面，引起腿部特征性皮炎病变的一种慢性外寄生虫病。

【主要症状及病变】 鳞足螨寄生于鸡腿部无毛处皮下，鳞片翻起，使皮肤发炎增生，患肢皮肤粗糙，并发生裂缝，有白色渗出物。渗出物干燥后形成灰白色痂皮，如同涂有石灰一样，故称“石灰脚”。患肢皮肤常因瘙痒而损伤，严重者病鸡行走困难。

【防治】 病鸡应及时隔离治疗，用硫黄软膏涂擦或 0.5% 氟化钠浸泡患肢，每天一次，7 天一个疗程，疗效好。

3. 啄食癖

【流行特点】 啄食癖是放养鸡中常见的恶癖，饲养密度大、舍内光线过强、营养缺乏是主要原因，鸡群中有疥螨病、羽虱外寄生虫病，以及皮肤外伤感染、母鸡输卵管脱垂等也可能成为诱因。

【主要临床症状及病变】 一旦有一只鸡被啄出血，其他鸡群起而攻之，直至啄伤、啄死（见图 10-15）。

（1）啄羽癖。幼鸡在开始生长新羽毛时易发生，产蛋鸡换羽期也可发生，先由个别鸡自食或互啄食羽毛，很快传播开，背羽、尾羽被啄掉，成光毛鸡。

（2）啄肛癖。产蛋母鸡泄殖腔外翻，造成互相啄肛。有的鸡拉稀、脱肛，或交配后而发生的自啄或其他鸡啄之，严重者甚至死亡。

（3）啄蛋癖。多见于产蛋鸡，由于饲料中缺钙和蛋白质不足，母鸡自产自食或相互啄食蛋。

（4）啄趾癖。幼鸡喜欢互啄食脚趾，引起出血或跛行症状。

【防治】 根据具体的病因，采取切实可行的防治措施，方可收到明显的效果。

（1）断喙。雏鸡在 7 ~ 10 日龄进行断喙，是防治啄食癖最有效的方法。

（2）隔离。有啄癖的鸡和被啄伤的病鸡，要及时挑出，隔离饲养与治疗。

（3）鸡啄羽癖可能与含硫氨基酸缺乏有关，可在饲料中加入 1% ~ 2% 石膏粉，或是每只鸡每天给予 0.5 ~ 3g 石膏粉。

（4）放养鸡容易发生缺盐引起的恶癖，在日粮中添加 1% ~ 2% 食盐，供足饮水，恶癖很快消失，随之恢复并维持在 0.25% ~ 0.5%，以防发生食盐中毒。

（5）改善饲养管理。消除各种不良应激，如疏散密度，防止拥挤；通风，室温适度；防止强光长时间照射，产蛋箱避开曝光处，避免好奇的鸡啄食泄殖腔；饮水槽和料槽放置要合适；防止笼具等设备引起的外伤流血；及时治疗外寄生虫病。

（a）正在被啄的鸡

（b）啄翅膀

图 10-15　啄食癖症状

4. 黄曲霉毒素中毒

【流行特点】 黄曲霉毒素中毒是鸡的一种极为常见的发霉饲料中毒病。黄曲霉在温暖潮湿的条件下很容易在谷物中生长繁殖并产生毒素。饲喂发霉饲料常常引起黄曲霉毒素中毒。幼鸡发生中毒，可导致大批死亡。

【主要临床症状及病变】 精神沉郁，衰弱，食欲减少，生长不良，贫血，拉血色稀粪，翅下垂，腿软无力，走路不稳，腿和脚由于皮下出血而呈紫红色，死时角弓反张，死亡率可达100%。剖检可见皮肤发红，皮下水肿，有时皮下、肌肉有出血点。特征性病变是肝脏。急性中毒肝脏肿大，色泽变淡，黄白色，有出血斑点或坏死，胆囊充满胆汁，肾脏苍白和稍肿大，或见出血点。慢性中毒时，肝常硬化，体积缩小，颜色变黄，有白色大头针帽状或结节状病灶，甚至见肝癌结节，心包和腹腔常有积水。胃及肠道充血、出血，甚至有溃疡（见图10-16）。

【防治】　不喂发霉的饲料，防止饲料发霉。对已中毒的鸡，应立即更换饲料，给予病鸡适量的盐类泻剂，排除肠道毒素，并采取对症疗法，同时要供充足的青绿饲料。彻底清除鸡舍粪便，集中用漂白粉处理，被毒素污染的用具等可用2%次氯酸溶液消毒。

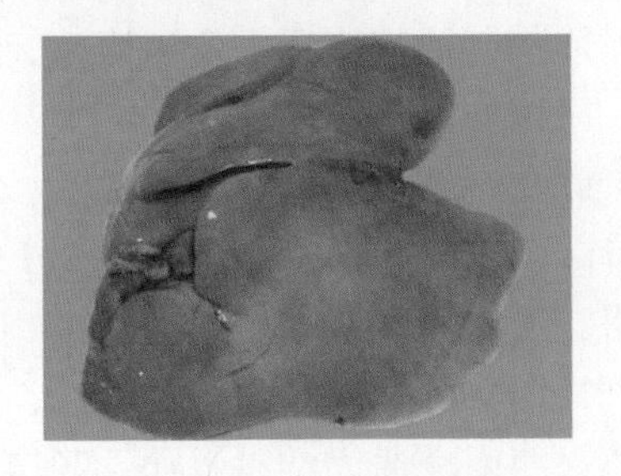

（a）肝脏肿大、色淡

（b）霉变玉米

图10-16　黄曲霉毒素中毒症状

参 考 文 献

[1] 杨宁. 家禽生产学[M]. 北京：中国农业出版社，2007.
[2] 周新民. 家禽生产[M]. 北京：中国农业出版社，2011.
[3] 杨慧芳. 养禽与禽病防治[M]. 北京：中国农业出版社，2006.
[4] 丁志国. 张绍秋家禽生产技术[M]. 北京：中国农业大学出版社，2007.
[5] 周大薇. 养禽与禽病防治教程[M]. 成都：西南交通大学出版社，2013.
[6] 张敬. 无公害散养蛋鸡[M]. 北京：中国农业出版社，2010.
[7] 陈辉，黄仁录. 山场养鸡技术[M]. 北京：金盾出版社，2013.
[8] 张鹤平. 林地生态养鸡实用技术[M]. 北京：化学工业出版社 2013.
[9] 吴金山. 发酵床养鸡技术[M]. 郑州：河南科学技术出版社 2011.
[10] 魏忠华. 图说规模生态放养鸡关键技术[M]. 北京：金盾出版社，2013.
[11] 周大薇. 养禽与禽病防治[M]. 成都：西南交通大学出版社，2014.